湖北省社会公益出版专项资金资助项目

探索地球演化奥秘科普系列丛书

穿越恐龙时代

CHUANYUE KONGLONG SHIDAI

徐世球 编著

中国地质大学出版社
ZHONGGUO DIZHI DAXUE CHUBANSHE

图书在版编目（CIP）数据

穿越恐龙时代 / 徐世球编著 .—武汉：中国地质大学出版社，2019.7
（探索地球演化奥秘科普系列丛书）
ISBN 978 - 7 - 5625 - 4599 - 6

Ⅰ.①穿…
Ⅱ.①徐…
Ⅲ.①恐龙 - 普及读物
Ⅳ.① Q915.864-49

中国版本图书馆 CIP 数据核字（2019）第 148645 号

穿越恐龙时代 徐世球 **编著**

责任编辑：唐然坤 周 豪 **选题策划：**唐然坤 **责任校对：**周 旭

出版发行：中国地质大学出版社（武汉市洪山区鲁磨路 388 号） **邮政编码：**430074
电话：(027) 67883511 **传真：**(027) 67883580 E-mail:cbb @ cug.edu.cn
经销：全国新华书店 http://cugp.cug.edu.cn

开本：880 毫米 ×1230 毫米 1/32 字数：115 千字 印张 :3.625
版次：2019 年 7 月第 1 版 印次：2019 年 7 月第 1 次印刷
印刷：武汉中远印务有限公司

ISBN 978-7-5625-4599-6 定价：29.80 元

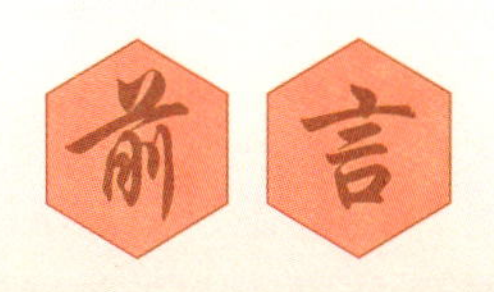

科技创新和科学普及是实现创新发展的两翼。一个民族的科学素质关系到科技创新、社会和谐、社会共识、科学决策和人民健康水平。基于此，我国在“十三五”期间把“科技强国”“科普中国”作为科学文化发展的重要目标。正是在这样的背景下，《探索地球演化奥秘科普系列丛书（4册）》应运而生。

《探索地球演化奥秘科普系列丛书（4册）》旨在积极响应国家的科普发展政策，通过对地球、生命、海洋等方面的演化探索，加强大众对地球演化史的认知，强调保护人类生存和发展所需要的自然资源理念，从而保护地球，正确地贯彻可持续发展理念，实现人与地球和谐发展。

该丛书是徐世球教授基于多年的科普讲座进行编写汇总的，为多年来科普成果的凝聚与智慧的结晶。该丛书包括4册，分别为《地球的来龙去脉》《地球生命的起源与进化》《蓝色海洋的变迁》和特别篇《穿越恐龙时代》。该丛书以“地球→海洋→生命→特殊物种恐龙”为主线，由整体到局部，由宏观到微观介绍了地球是如何形成的，海洋是怎样变迁的，生命是怎样起源的，特殊物种恐龙又是怎样灭绝的。

《地球的来龙去脉》主要介绍了地球的起源、自然资源、地质灾害、特殊的地球风貌，以及当前全球瞩目的“人与地球未来”的可持续发展研究。

《蓝色海洋的变迁》分述了海洋的神奇、海洋的起源、海洋的演化、海洋的宝贵资源和海洋保护5个方面，强调了海洋特别是深海作为战略空间和战略资源在国家安全和发展中的战略地位。

《地球生命的起源与进化》以地球的生命演化为主线，主要介绍了生命的起源→生命的进化→人类的进化→人类与生物圈。通过介绍丰富多彩的生命演化史，强调了生物多样性的重要性和意义。

《穿越恐龙时代》分别从恐龙家族的揭秘、恐龙的前世今生、特殊的恐龙、恐龙化石以及恐龙灭绝原因的猜想5个方面展开了对恐龙从诞生到灭绝的讲述，旨在向青少年科普恐龙的知识，了解物种的珍贵性。

《探索地球演化奥秘科普系列丛书（4册）》以“地球+海洋+生物”三位一体的方式，用通俗易懂的语言详细、系统、生动地讲述了地球演化的历史故事，具有以下鲜明的特点。

（1）框架完整，科普性强。该丛书内容涉及物种、资源、环境、灾害等方面，为一套针对地球演化知识普及的套系图书。

（2）内容丰富，可读性强。该丛书以地球、海洋、生命演化为多个切入点，重点阐述了地球演化的内容，通过地球演化史来强调人类发展与地球和谐相处的重要性，通俗易懂。

（3）符合科普发展战略，社会文化意义重大。该丛书的出版，顺应了国家科普发展战略的总体要求，具有服务社会的意义。

（4）受众面广，价值巨大。该丛书集地学科普、文化宣传于一体，适合非地学专业人士阅读，读者面广。

《探索地球演化奥秘科普系列丛书（4册）》是符合当前国家“科普中国”倡议的科普丛书，目前为“湖北省社会公益出版专项资金资助项目”。从项目伊始到出版，湖北省社会公益出版基金管理办公室、中国地质大学（武汉）、中国地质大学出版社各级领导以及相关审稿专家给予了大量的帮助和支持，在此我们一并表示诚挚的谢意。

编者在创作过程中海量地借鉴了图书、期刊、网络中的信息、图片、文字等资料，针对一些科学界仍有争议的论点或论断，尽量做到博众家之所长，集群英之荟萃，采纳主流思想，兼顾最新研究前沿。同时，由于编者知识水平有限，书中难免有不当和疏漏之处，希望广大读者尤其是地球科学领域的专家学者能够谅解，并不吝赐教，我们将虚心受教，不断改进。

目录

CONTENTS

1 探寻恐龙家族的秘密

有一类远古动物，从幼儿园小朋友到著名科学家都喜欢它们，这类动物就是恐龙。在探索恐龙家族更多、更深的秘密之前，我们先来了解恐龙是什么动物。下面让我们一起穿越恐龙时代吧！

1.1 恐龙的种属门类

脊椎动物开始出现在距今约 5 亿年的早寒武世，但是当时仅仅是鱼形类等较初级的脊椎动物。随着时间推移，脊椎动物种类越来越多，各个门类发展得越来越高级，直到 2 亿多年前的中生代三叠纪晚期恐龙家族的出现，爬行动物开始逐渐崛起，到侏罗纪时期占据生物圈的绝对霸主地位，站在了食物链的最顶端。

▲跃龙属（*Allosaurus*）实体复原图

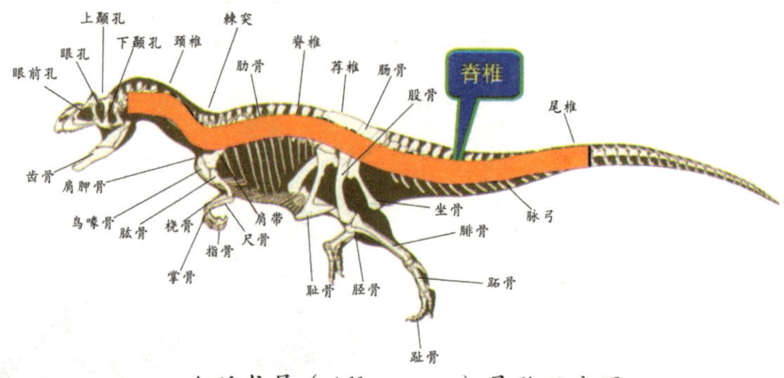

▲跃龙属（*Allosaurus*）骨骼示意图

恐龙种属门类：生物→真核域（即真核总界）→动物界→脊索动物门→脊椎动物亚门→四足超纲→蜥形纲（爬行类）→双孔亚纲初龙下纲。

恐龙属于陆地上最庞大的爬行动物。目前发现了1000多种不同的恐龙，庞大的体型和巨大的数量让恐龙家族成为当时生物界当之无愧的霸主。

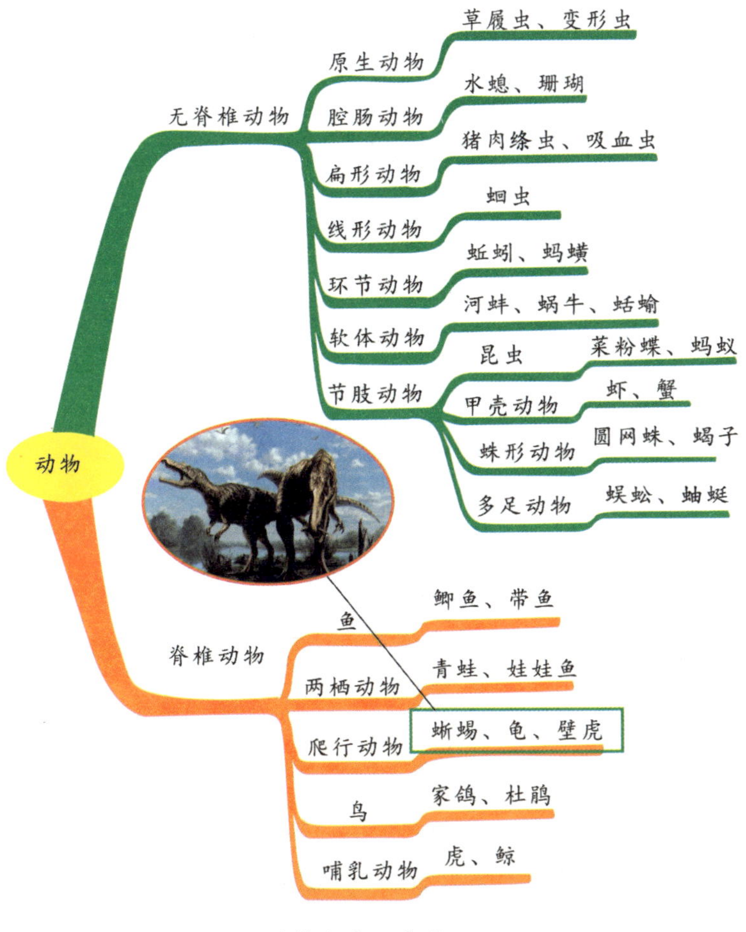

▲动物分类示意图

1.2 恐龙的特点

了解了恐龙是什么动物，再来了解恐龙有什么特点吧。恐龙除了具有庞大的身躯，还有哪些共同特点呢？

恐龙有四大公认的共同特点：腹部抬离地面、卵生动物、满口牙齿形状相同、皮肤表面是鳞片或角质突起。这四大特点成为识别恐龙的重要特征，如今在我国辽西发现了大量带羽毛的特殊形态恐龙，极大地扩展了人们对恐龙的认识。

◎恐龙的特点之一——腹部抬离地面

▲恐龙行走时腹部抬离地面

腹部是否抬离地面是我们从外观识别是否为恐龙的最直接标志。上图爬行动物腹部抬离地面，是恐龙的特点之一。爬行动物行动时腹部与地面有贴合，因此不属于恐龙，例如鳄鱼。

▲鳄鱼行走时腹部与地面有贴合

◎恐龙的特点之二——卵生动物

恐龙蛋是非常珍贵的化石，为科学家们了解恐龙的过去提供了非常好的证据。最早的恐龙蛋化石据说来自法国美丽的小镇——普罗旺斯。恐龙蛋的形状是多种多样的，就目前发现的恐龙蛋来看，以圆球状、椭球状两种为主。不同种类的恐龙蛋化石大小也不一样，小的与鸭蛋差不多大，大的长径达到50厘米。蛋壳的表面一般十分光滑，由于后期变为化石过程中的物理化学作用，导致很多恐龙蛋表面逐渐有了纹饰。恐龙蛋通常被埋在砂质的土壤中，而且排列比较规则，借助太阳照射产生的温度来孵化，与现在乌龟的孵化方式非常地类似。

恐龙产蛋的地点一般与当地的温度、湿度、光照有关。我国是恐龙蛋化石主要分布区之一。

▲恐龙蛋及恐龙孵化场景（虚拟）

◎恐龙的特点之三——满口牙齿形状相同

恐龙的牙齿最大的特点是所有的牙齿全一样，没有门齿、犬齿、臼齿的分工，功能不全。想知道一个恐龙吃什么，最直观的就是观察它的牙齿啦！例如像霸王龙那恐怖的大口中巨大而锋利的尖牙，上面还带有如牛排刀一般的锯齿，对于嘶咬猎物是十分方便的。而大型蜥脚类恐龙如腕龙、梁龙等，牙齿较少呈矛状，且集中分布于前侧，较为锋利，这种形态并不适合咀嚼，因此它们大多用牙齿将植物扯下后囫囵吞枣地咽下，然后留给自己慢慢消化。

▲恐龙牙齿形态（一）

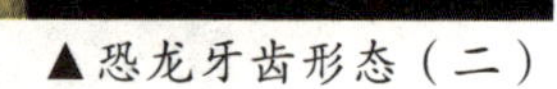

▲恐龙牙齿形态（二）

◎恐龙的特点之四——皮肤表面的鳞片或角质突起

一般来说，恐龙的皮肤很难作为化石保留下来。那恐龙的皮肤是什么样的呢？从发现的少数皮肤印模化石来看，大部分恐龙具有与现代爬行动物相似的皮肤：粗糙、坚硬、有鳞片或角质突起。这些特征足以使恐龙形成铠甲一般的外表，以此来抵御其他恐龙的攻击。近些年来，也有科学家预测进化较快的肉食龙，如窄爪龙，皮肤上可能长有毛发之类的东西；有的则可能长有像鸟那样的羽毛。目前，有些恐龙颜色已经科学复原了，如近乌龙。

▲恐龙皮肤表面的鳞片（虚拟）

▲恐龙骨质的甲片（复原图）

科普小测试

大家都了解恐龙的特点了吗？我们一起来辨别下面哪些属于恐龙。

答案：

1. 上述属于恐龙的有①、③、④、⑤、⑨、⑩。

2. 那其他的分别是什么动物？

②是鱼龙。

⑥是翼龙。

⑦是蛇颈龙。

⑧是鳄鱼。

所以，②、⑥、⑦、⑧都不是恐龙。

1.3 恐龙的分类

世界上的恐龙有1000多个属，恐龙大家族分为鸟臀类恐龙和蜥臀类恐龙两大类。前者的成员全部都以植物为食，主要有5个支系：剑龙类、甲龙类、鸟脚类、肿头龙类和角龙类。后者主要有3个支系：原蜥脚类、蜥脚类和兽脚类，其中原蜥脚类和蜥脚类也是植食性动物，而兽脚类的大多数是肉食性恐龙。按照现代流行的恐龙分类定义，鸟类属于兽脚类恐龙。

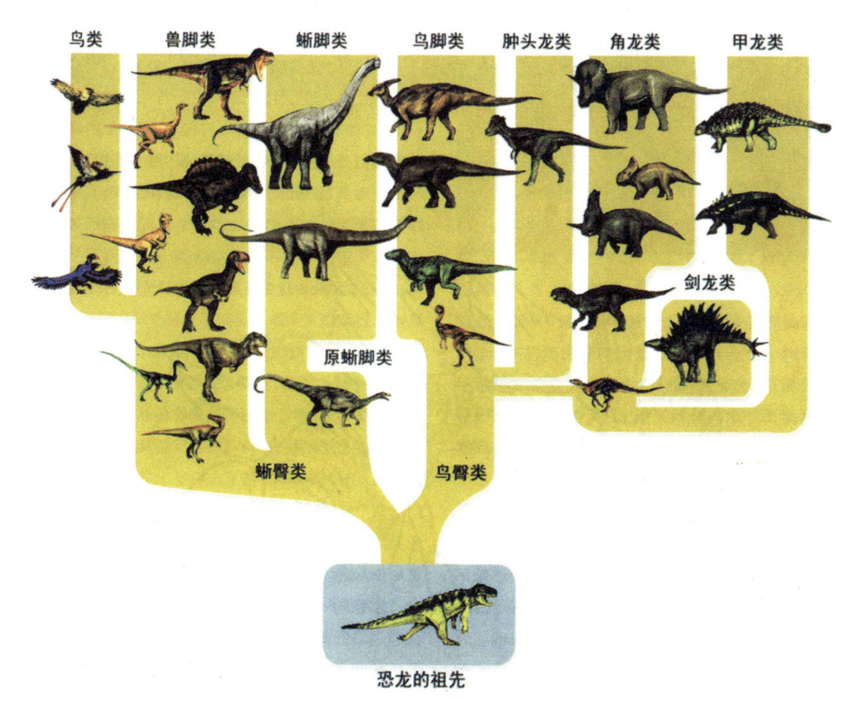

▲恐龙的分类（引自赵闯）

根据上述的分类，亚洲恐龙多分布于中国和蒙古国。中国恐龙现有 100 多个属种，发现并命名了约 166 种恐龙，多发现于四川和内蒙古，在山东、辽宁和新疆也有不少分布，以保存精美而著称。中国最早发现的恐龙是黑龙江嘉荫县的满洲龙，而由我国学者最早研究和命名的恐龙为云南的禄丰龙。随着时间的推移和考古学家们的不断挖掘与发现，相信会在未来发现更多的恐龙。

科学家们根据恐龙的腰带结构将恐龙分为两类，即蜥臀类恐龙和鸟臀类恐龙。顾名思义，蜥臀类恐龙长着与蜥蜴形状类似的腰带结构，鸟臀类恐龙长着与鸟类类似的腰带结构。蜥臀类的腰带从侧面看是三射型，耻骨在肠骨下方向前延伸，坐骨则向后延伸，这样的结构与蜥蜴相似。鸟臀类的腰带在肠骨前后都大大扩张，耻骨前侧有一个大的前耻骨突，伸在肠骨的下方，后侧更是大大延伸，与坐骨平行伸向肠骨前下方，因此骨盆从侧面看是四射型。除腰带结构之外，蜥臀类与鸟臀类恐龙还有其他区别，感兴趣的读者朋友可以寻找资料了解更多关于这二者的不同之处。

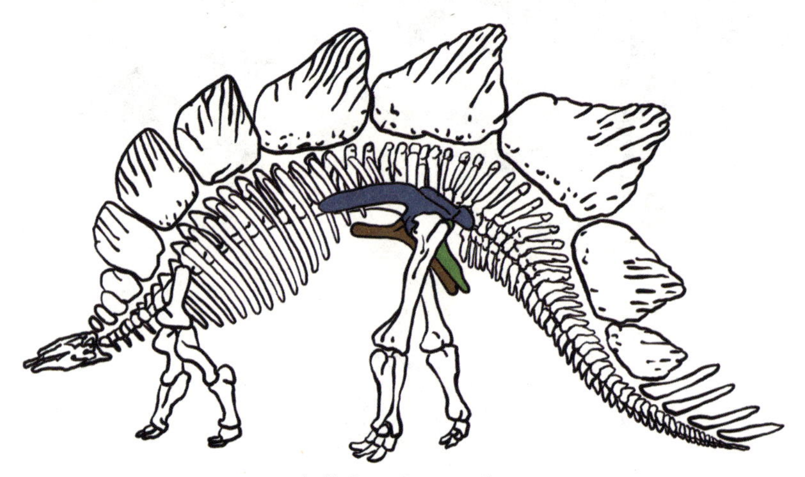

▲蜥臀类恐龙的腰带结构图

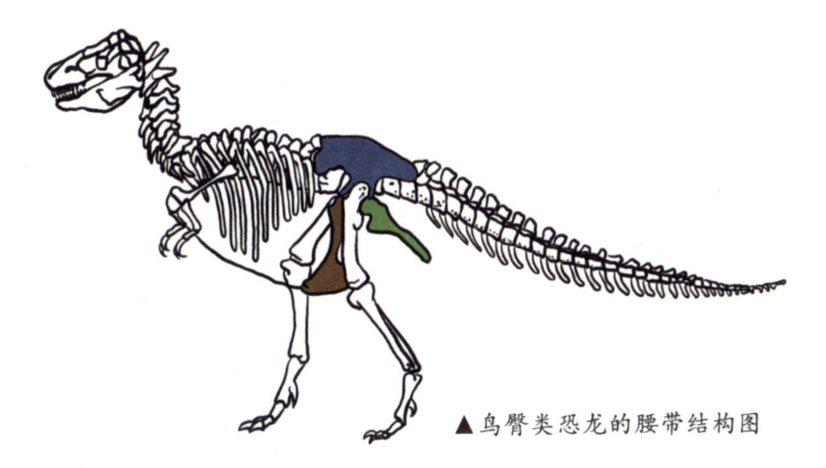

▲鸟臀类恐龙的腰带结构图

根据恐龙选择食物类型的不同，将“吃货恐龙”分为三类：植食性恐龙、肉食性恐龙、杂食性恐龙。与我们记忆中的恐龙可能不太一样，恐龙并非都是残暴的、吃肉的动物。千万不要以为只有吃肉的恐龙才能长成大高个，不吃肉的恐龙照样能拥有惊人的体型，例如马门溪龙。

◎植食性恐龙的特点

植食性恐龙牙齿不锋利，个数较少，但是体型较大，性格比较温和，是恐龙家族中的绅士。它们以植物为食，树叶是它们非常喜欢的食物。板龙就是早期植食性恐龙的典型代表。板龙身躯呈筒状，头小脖子短，四足步行，前两脚也可以离地，直立身高达 4 米，是三叠纪时期最大的恐龙。

由于体型巨大，植食性恐龙所消耗的食物也是巨大的。因此，充足的食物供应才能满足一只植食性恐龙一餐的饭量，如果食物链突然中断，恐龙将会遭受灭顶之灾。由此可见，植物界的繁荣是植食性恐龙生存的必要条件之一。

▲板龙复原图

▲一头大象一天的食量是 185 千克植物

VS

▼一头腕龙一天的食量是 1000 千克植物

◎肉食性恐龙的特点

肉食性恐龙长着大而尖的牙齿，能杀死猎物并将肉从猎物身上撕扯下来。为了让牙齿更强大，肉食性恐龙长着强有力的下颌和肌肉，同时骨盆稍窄，肠道较短，有利于消化肉类食物。肉食性恐龙还具备良好的视力、敏锐的嗅觉和大容量的大脑，以构思捕猎计划。另外，肉食性恐龙的尾巴都很长，可以在奔跑时保持身体平衡。它们性情残暴，经常以同类为食，一些哺乳类小动物也是它们的美餐。

鲨齿龙是肉食性恐龙的典型代表之一，它希腊名字的含义是“长着鲨鱼牙齿的巨蜥”，是体型第五大的肉食类恐龙。辨认要诀：牙齿非常类似大白鲨，很长，极其锋利但单薄；眶前孔很大，很像骷髅的眼睛；前肢比较短，身体瘦；头很大很长，嘴巴相当长；吻部比例较窄，头骨宽度比例较细。

鲨齿龙体型巨大，牙齿锋利，速度敏捷，较为短小的前肢，巨大而长的头颅骨，瘦的躯干，十分有利于抓捕猎物。

▶鲨齿龙复原图

◎杂食性恐龙的特点

杂食性恐龙以植物为食，也以动物为食，一般居住在极深的山谷中和阴森的密林内，一来为了逃避伤害，二来这里提供了它们所需要的食物，似鸟龙、窃蛋龙就是其中的典型代表。

▲似鸟龙复原图（虚拟）

它们极少群居，大多是零零散散地分布在各处，只有在迁徙或远行时才集结在一起。窃蛋龙是杂食性恐龙，但并不靠偷取恐龙蛋维持生存，平日生活于极深的山谷中和阴森的密林内，或是生活在干旱、半干旱地区。而始祖鸟、似鸟龙等杂食性恐龙的生活也类似。似鸟龙以两足行走，趾端长有锐利的爪子，嘴里多长有利齿，起源于兽脚类恐龙，外观与鸟十分相似，因而得名。

 1.4 恐龙的聚居习性

肉食性恐龙经常将植食性恐龙当作它们的美食，但是一般由于植食性恐龙个体比较大，肉食性恐龙的体格相对较小，所以肉食性

恐龙经常团体出战，凭借其灵活的体型、敏捷的行动以及锋锐的牙齿等优势，围攻植食性恐龙，起到出奇制胜的效果。

下图中，一群体格小的肉食性恐龙正在围攻一只体型较大的植食性恐龙，可以看出肉食性恐龙分工协作很合理，前后左右分别进攻。可以感受到植食性恐龙痛苦的表情、无奈的眼神、悲怆的哀嚎，因为它马上将被这群肉食性恐龙所吞噬，这就是自然界的残酷。

▲肉食性小恐龙集体捕食植食性恐龙

植食性恐龙一般以群居为主，其目的是为了集体防御，而肉食性恐龙本身天不怕、地不怕，只会在一起寻求食物的时候组成临时联盟。

▲植食性恐龙集体生活和觅食

▼肉食性恐龙正窥探并伺机攻击植食性恐龙

1.5 恐龙家族的亲戚

◎天上飞的“恐龙”——翼龙

翼龙被称为恐龙时代的天空统治者，其飞行的本领使其躲避了生存上的诸多危险。尽管与恐龙生存的时代相同，但翼龙并不是恐龙。翼龙希腊文意为“有翼蜥蜴”，是飞行爬行动物演化分支。

▲翼龙实体化石

翼龙是最早飞向天空的爬行动物，具有独特的骨骼构造特征。迄今为止，世界上已经发现并命名了超过220属的翼龙化石。

◎中生代海洋霸主——蛇颈龙

蛇颈龙属海生爬行类的统称，体型硕大无比，且长颈，以此得名，是2亿年前的海洋霸主，与鱼龙类一起统治着中生代的海洋。蛇颈龙生活在海洋中，并且它的繁殖方式是胎生，而不是卵生。因此，蛇颈龙并不属于恐龙家族，但是与恐龙生活在同一个动荡不安的时代。

▲2亿年前的海洋霸主蛇颈龙复原图

▲蛇颈龙实体化石

◎水陆两栖的“恐龙”——乌龟

据科学家们研究，在恐龙时代，乌龟也出现了，而且是恐龙的远亲。乌龟曾被归为无孔亚纲，因其特殊的身体结构现在属于一个独立的亚纲。已知最早的龟类化石是德国晚三叠世的原颚龟，以及在我国贵州发现的晚三叠世著名的半甲齿龟。半甲齿龟化石还具有牙齿、完整的腹甲以及不完整的背甲。侏罗纪的龟类已经基本具备了现代龟类的身体结构。

▲现代乌龟

▲ 1.5 亿年前侏罗纪晚期乌龟化石

◎最早的海洋霸主——鱼龙

▲鱼龙

鱼龙是一种类似鱼和海豚的大型海栖类爬行动物。它们生活在中生代的大部分时期，最早出现于约2.5亿年前，比恐龙出现的时间要早，约9000万年前它们消失，比恐龙灭绝早约2500万年。有些鱼龙体型十分小，但还有些体型很大。在二叠纪晚期出现的陆栖爬行动物（还未能确定）逐渐回到海洋中生活，演化为鱼龙，这个过程类似海豚和鲸的演化过程。侏罗纪时期，它们分布尤其广泛。白垩纪时期，它们作为最高等的水生食肉动物被蛇颈龙取代。

那时的海洋里生活着一类短头鱼龙，它们的头短而粗，嘴里长着几排像纽扣似的牙齿，原来它们是生活在海底靠吃软体动物为生的鱼龙。它们用那纽扣般的牙齿，“咔吧”一下子就压碎了软体动物的壳，把里面鲜嫩的肉一口吞到肚子里。短头鱼龙头虽然小，但个头却不小，它的四肢比同时代的其他鱼龙都要长很多。有的短头鱼龙长度可能能到10～14米，比起混鱼龙来，它可是“彪形大汉”。

▲蜥蜴化石

◎恐龙的近亲——蜥蜴

蜥蜴，俗称“四脚蛇”，又称“蛇舅母”，在世界各地均有分布。蜥蜴生存于恐龙时代，和恐龙出现时代相当或可能更晚，为距今2亿多年前，是当今幸存

为数不多的远古爬行动物之一。据研究发现，蜥蜴与恐龙有一点亲缘关系。蜥蜴和鳄鱼的共同祖先是生活在远古时代的杯龙，杯龙是已知最原始的爬行动物。

1.6 恐龙的同伴

虽然恐龙时代动荡不安，危机四伏，但是在这样恶劣的环境中，也有不少的物种坚强地生存下来了，一方面使恐龙时代的生物界充满了活力与生机，另一方面也为食物链的稳定延续做出了它们应有的贡献。

◎最早的哺乳动物——张和兽

张和兽产于热河生物群，生活于白垩纪中晚期。在我国辽宁西部发现的早期哺乳动物张和兽化石是世界上唯一一件完整的对齿兽类的骨架化石。其发现者名叫张和，因而取名为张和兽。

▲张和兽复原图

▲张和兽实体化石

◎海洋中的同伴——狼鳍鱼、菊石

▲狼鳍鱼化石

狼鳍鱼是原始的真骨鱼类，种类很多，为中生代后期东亚地区的特有鱼类，现已绝灭。推测它以浮游生物为食。体长一般在10厘米左右，身体呈纺锤形或长纺锤形。

菊石是软体动物，是已绝灭的海生无脊椎动物，生存于泥盆纪至白垩纪。它最早出现在古生代泥盆纪初期（距今约4亿年），繁盛于中生代（距今约2.25亿年），白垩纪末期（距今约6600万年）绝迹，与恐龙灭绝时间一致。

▲菊石化石

◎最早的裸子植物和被子植物

裸子植物的繁殖方式以种子繁殖而有别于藻类和蕨类的以孢子进行有性生殖的方式。据科学家们研究发现，裸子植物是最早利用种子进行有性繁殖的植物，其最早出现于晚石炭世。裸子植物为恐龙时代动物的生存提供了大量的生命物质，也是恐龙家族得以在侏罗纪和白垩纪繁盛的原因之一。另外，最早的被子植物出现在早白垩世，辽宁古果化石为最早的被子植物化石。

▲银杏树叶化石（裸子植物）

▲辽宁古果化石（被子植物）

1.7 恐龙的迁徙

我们都知道由于气候的变化，鸟类在冬天会向南方飞，远古的恐龙家族具有同样类似的行为。由于季节、气候的变化，为了寻找食物来源，或者去交配地，恐龙也会变换生存地。科学家们根据恐龙的行迹和大型恐龙的集体死亡推测出恐龙具有迁徙的行为。迁徙是恐龙生命本能的一部分，受到其内在生理因素的调节。迁徙提供了恐龙类群向新的分布区扩散以及不同个体间接触和交配的机会，因而在进化方面具有十分重要的意义。

▼恐龙迁徙图

2 追溯恐龙家族的前世今生

通过揭示恐龙家族的秘密，大家是不是对恐龙充满了好奇呢？但是恐龙是何时诞生的呢？恐龙诞生之前地球又是什么样的呢？现在为什么又没有恐龙了呢？大家是不是很想了解这些神奇而有趣的事情？那就让我们一起走进恐龙家族的前世今生吧！

2.1 恐龙前世的生命演化

从这张图中，我们可以知道地球大约形成于46亿年前，生命出现于约38亿年前，以细菌类为代表。恐龙出现在约2.3亿年前，

▲生物演化史简图

而灭绝在约 6600 万年前。而且从植物进化和动物进化来看，地球不同时期有不同的统治者。从地球生命开始出现到恐龙出现之前，地球上的生命经历了沧海桑田的变迁，主要阶段为：生命迹象开始→单细胞生物→寒武纪生命大爆发→晚古生代脊椎动物、蕨类植物出现→约 3.7 亿年植物、两栖动物登陆→恐龙出现。

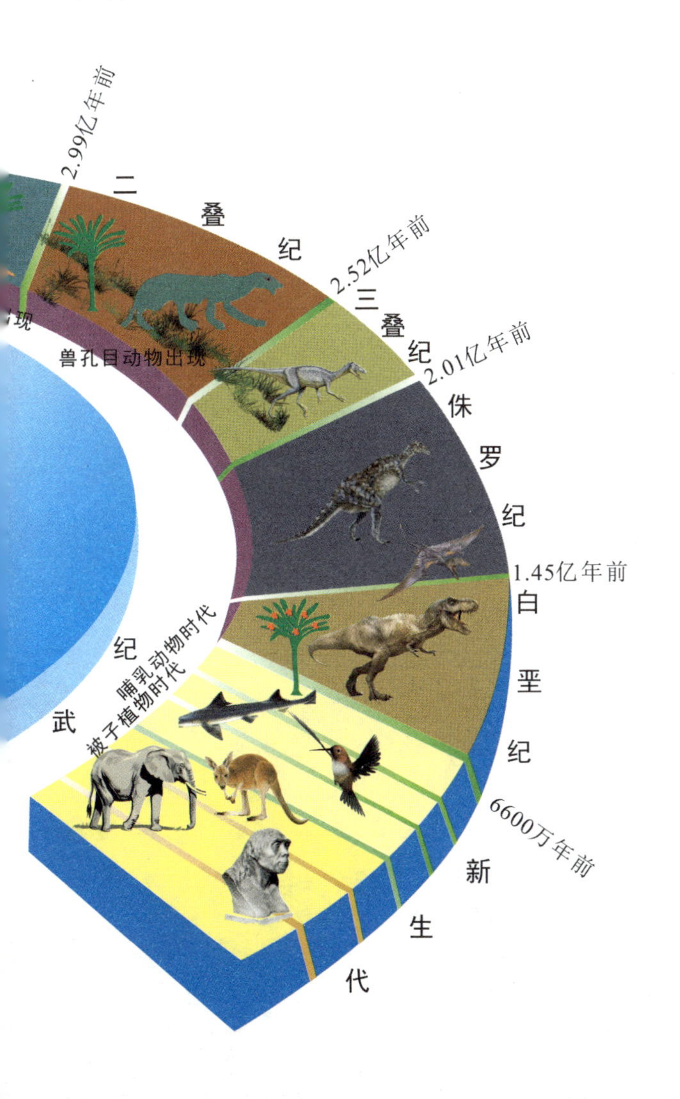

◎生命的怒放——寒武纪生命大爆发

这次生命大爆发发生在约5.41亿年前的海洋，这个时代被称为海洋无脊椎动物的时代。我国发现的澄江动物群是这次生命大爆发中的产物，大量的原始生物（藻类、无脊椎动物等）在这个时代开始出现，造就了生物界一片繁荣的景象。

在澄江动物群化石中，特别引人关注的，就是奇虾化石。它在寒武纪时存在的时间很短，但是却是寒武纪中体型最大的肉食性动物。在整个早古生代，无脊椎动物的各门类获得突飞猛进的发展，其中最繁盛的是三叶虫、笔石、头足类、腕足类、珊瑚等。因此，早古生代又称海洋无脊椎动物的时代。

◀奇虾化石

▶三叶虫化石

▼寒武纪生物大爆发时海洋生物繁荣景象

◎生命的升华——脊椎动物、蕨类植物的出现

晚古生代动物界出现了低等的脊椎动物，植物界出现了蕨类植物，脊椎动物以最低等的脊椎动物鱼类为代表，陆地上蕨类植物的发育为鱼类进化为两栖类动物提供了食物与氧气，造就了晚古生代大量海洋动物登陆的时代。

奥陶纪海洋动物空前发展，泥盆纪是鱼类大爆发的时代，海洋中三叶虫的霸主地位也被凶猛的鹦鹉螺所夺取。志留纪植物开启了登陆之旅，登陆的先驱叫作顶囊蕨，高度不足 1 米。泥盆纪开始了鱼类的时代，并开始出现了最早的两栖类动物，生物界离开海洋开始征服陆地，这也是一次最伟大的开拓。

▲泥盆纪鱼类化石

▲第一批鱼形动物复原图

▼4 亿多年前植物离开海洋登上陆地，约 3.7 亿年前出现了最初的两栖类（图片引自视觉中国）

◎兵马未动，粮草先行

植物以原蕨类为代表先行登上了广阔的陆地。植物的光合作用提供了氧气，其本身也可以作为动物的食物，而此时海洋中以鱼类为主的脊椎动物不甘心屈居于现在的生存环境，也准备向陆地进军。植物的率先登陆为海洋动物登陆进化为两栖类动物、陆地爬行动物提供了先决条件。在泥盆纪晚期，两栖类动物开始出现，由此吹响了向陆地进军的冲锋号。

▲植物登陆

沟鳞鱼出现在3.9亿年前，灭绝于3.6亿年前，延续了3000万年左右。泥盆纪的海洋霸主为体型巨大的盾皮鱼，其中以邓氏鱼为典型代表。邓氏鱼被誉为“海洋中的暴龙”，它具有锋利的牙板和惊人的咬合力。盾皮鱼数量多，而存活时间又相对较短，坚硬的骨甲容易被保存成化石，因此对于科学家们的研究具有重要意义。

大约在3.7亿年前脊椎动物脱离海洋，向陆地进军，一部分生物一步步挣脱环境的束缚，为了自由的陆地，不断地提升自己适应环境的能力，从鱼类进化到两栖类，再进化为爬行类，这是历史性的一刻，是生命演化历程上重要的一幕。

▲鱼类到爬行动物登陆演化示意图

2.2 恐龙的生命历程

◎生命的赞歌——恐龙家族崛起

随着动物从低级脊椎动物向爬行动物的不断进化，植物界也从最原始的原蕨类植物进化为裸子植物。在距今约 2.3 亿年前的三叠纪，最强大的爬行类动物——恐龙出现。而最早的恐龙发现于阿根廷地区，定名为始盗龙。

始盗龙，蜥臀目，体型较小，体长约 1.2 米，重量约 10 千克，奔跑速度快，以吃小型动物为生，也具有吃植物的牙齿特征，推测属于杂食性恐龙。

▲始盗龙复原图

从三叠纪恐龙登上历史舞台开始，这个家族以其数量大、种类多等特点著称，在不同的时代有不同的代表性种类，同时在不同的时代还有不同恐龙霸主，比如侏罗纪的异特龙、白垩纪的霸王龙。

▲始盗龙骨架图

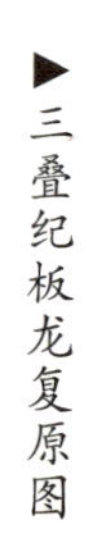
▶三叠纪板龙复原图

▲侏罗纪异特龙复原图

▲白垩纪霸王龙复原图

◎三叠纪——开启恐龙时代

三叠纪时期的大陆还是一个整体，被称为盘古大陆，地理上大概位于今天非洲这个位置。这个时期大量的爬行动物和裸子植物开始崛起，恐龙大概出现在三叠纪中晚期，由于环境的制约，所有恐龙几乎长得都一样，并以植食性恐龙为主。

三叠纪晚期的恐龙很原始，种类不多，且个头较小，科学家们发现最早的恐龙出现在阿根廷地区，并且迅速发展。三叠纪著名的恐龙有里奥哈龙、沙尼龙、理恩龙、原美颌龙、不拉塞特龙等。

三叠纪最出名的恐龙，应当属于埃雷拉龙。埃雷拉龙是速度相当快的两足肉食性恐龙，大约生活在 2.3 亿年以前，是最古老的恐龙之一，它证明了恐龙来源于同一个祖先。它与后来的肉食性恐龙有许多相同之处：锐利的牙齿、巨大的爪和强有力的后肢，以其他小型爬行动物为食。

▼埃雷拉龙（虚拟）

◎侏罗纪——大型恐龙的繁盛

由于植物开始登陆时供应量较小，提供的氧气、食物等有限，因此初期的恐龙体型较小。随着植物产量的越来越大，各类小型哺乳动物的出现，恐龙家族也开始“超级”进化，侏罗纪逐渐出现了很多大体型的恐龙，易碎双腔龙就是其中最典型的代表。易碎双腔龙出现于侏罗纪晚期，这个时期也是大型恐龙的繁盛时期，恐龙此时在地球上已占据绝对的统治地位。这个时期，盘古大陆开始分裂解体，恐龙生存的环境发生了显著的变化，因此也出现了各种类型的恐龙，恐龙家族开始变得丰富多彩了。体型最大和最长的恐龙均出现在侏罗纪，可以说侏罗纪是恐龙家族的鼎盛时期，早期和晚期恐龙都十分繁盛，如永川龙、巨齿龙等肉食性恐

▲易碎双腔龙复原图

龙，超龙、雷龙、梁龙、马门溪龙等植食性恐龙，且该时期仍然以蜥臀目恐龙为主，少见鸟臀目恐龙。

在美国科罗拉多州的卡农城北方发现了侏罗纪典型代表易碎双腔龙的部分脊椎化石，据研究推测，易碎双腔龙是历史上最长最重的恐龙，体重甚至比蓝鲸还要大。目前科学家普遍认为，易碎双腔龙中最大的个体长可达 60 ～ 80 米，臀高 10 米，头高在 14 ～ 15 米之间，体重最重 220 吨，和梁龙有亲缘关系。

◎白垩纪——鸟臀类恐龙的霸主时代

一般意义上恐龙指的是大型陆地爬行类动物，这仅仅是恐龙家族的一个组成部分。在白垩纪早中期，开始出现具有羽翼的“恐龙”，能够在天空中飞翔，其中翼龙就是典型代表之一。当然，还有海洋中的“恐龙”，比如鱼龙、蛇颈龙等，但是这些都不属于科学上严格定义的恐龙，鸟臀类恐龙实际上是指腰带结构与鸟类类似的恐龙。

白垩纪时期，恐龙家族鸟臀类恐龙种类逐渐增多，渐渐占据了恐龙家族的主导地位，白垩纪成为鸟臀类恐龙的天堂，典型代表有有鸭嘴龙、角龙、甲龙、肿头龙等。由于竞争变得更加激烈和残酷，因此，恐龙开始进化生长出防御性的盔甲、头角等。这一时期，全球大陆裂解加剧，直到恐龙灭绝前夕，全球大陆格局与现今的大陆位置已相差无几。

2.3 植物界的演变

“兵马未动，粮草先行”，从两栖动物登陆再到恐龙出现与繁盛，这些都与植物界的演变息息相关，这与自然界对食物的需求关系密不可分。志留纪时期，藻类中的绿藻进化为原蕨类植物，植物开始抢滩登陆。随着植物界登陆成功，原本荒凉的陆地披上了绿装，为后来动物的登陆创造了条件，这一时期被称为“植物登陆之旅”。石炭纪是继晚古生代植物登陆并迅速发展之后，植物界的又一次大发展时期，原蕨类植物很快广布全球，成为地史上首次由陆生植物

▼侏罗纪晚期（距今约1.5亿年）我国东北地区松柏植物景观

成煤的物质来源。因此，晚古生代又称为“蕨类植物时代”。该时期也形成了地球上最早的森林。

中生代时期，恐龙开始出现并逐渐繁盛，发展为食物链顶端的统治者，其所需求的食物量也是巨大的。伴随着恐龙发展到鼎盛的过程，裸子植物也逐渐繁盛起来，可以说恐龙的时代也正是裸子植物的时代。裸子植物种子裸露，种类包括铁树、银杏和松柏类等，在恐龙时代统治了植物界，为植食性恐龙提供了丰富的食物，同时也为恐龙提供了良好的生存环境。因此，中生代又称为“裸子植物时代”。裸子植物标志着继原蕨类植物后植物界的又一重大变革。

▲距今约 1.5 亿年铁树化石

▲第四纪以来的植物化石

2.4 恐龙生存大陆的变化

恐龙家族的成长阶段也对应着全球海陆的变迁，地球从一块完整的超大陆演变为四分五裂的现代大陆，恐龙为了适应环境的变化

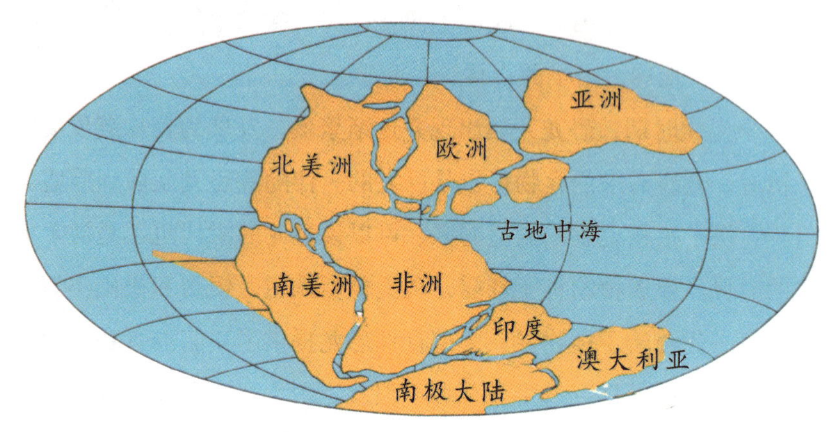

▲恐龙出现时的世界——盘古大陆，距今约 2.5 亿年

不断地进化，从“小个子”到“大个子”，从蜥臀类到鸟臀类等，虽然恐龙在世界各地分布有多有少，而且种类各不相同，但是它们曾经都是来自于同一个家园——盘古大陆。

从上图我们可以发现，现在的大陆格局与恐龙出现时的大陆格

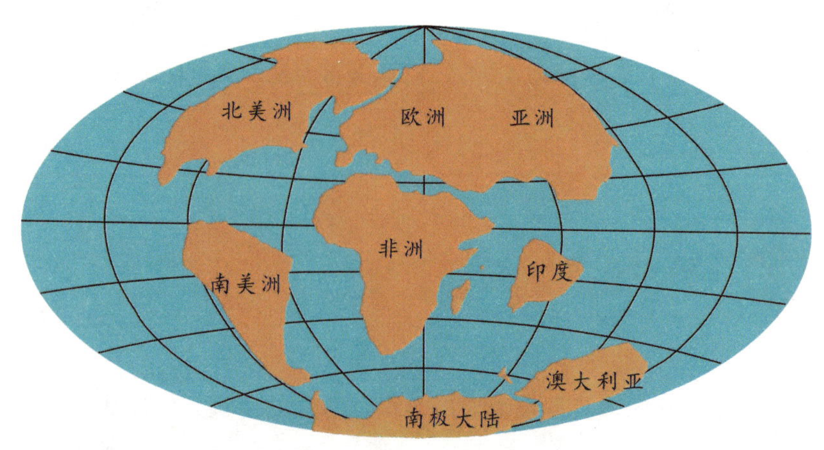

▲恐龙繁盛时的世界——距今约 1 亿年

局是完全不同的，那个时候的大陆连成一体，科学家们称它为盘古大陆。但随着时间的推移，地球表面的不断运动使得这个超大陆逐渐分解成不同的小陆块，这就是科学家魏格纳提出的大陆漂移假说。可是超大陆的分离与恐龙家族所处的时代有什么联系呢?

科学家们的研究证明，恐龙的祖先属于同一个物种，可能由于后期的大陆漂移，恐龙被迫分离到了各个大陆，开始了各自不同的演化历程。恐龙繁盛时期也是恐龙种类最丰富的时期，地球已经有了初步的轮廓，各个陆块上生活的恐龙各具特点。随着时间的推移，大陆格局进一步发生变化，直到6600万年前恐龙灭绝，地球上的大陆格局也与现在的所差无几。恐龙的灭绝与大陆的漂移是否有直接的联系，还等待着科学家们进一步的探索发现。

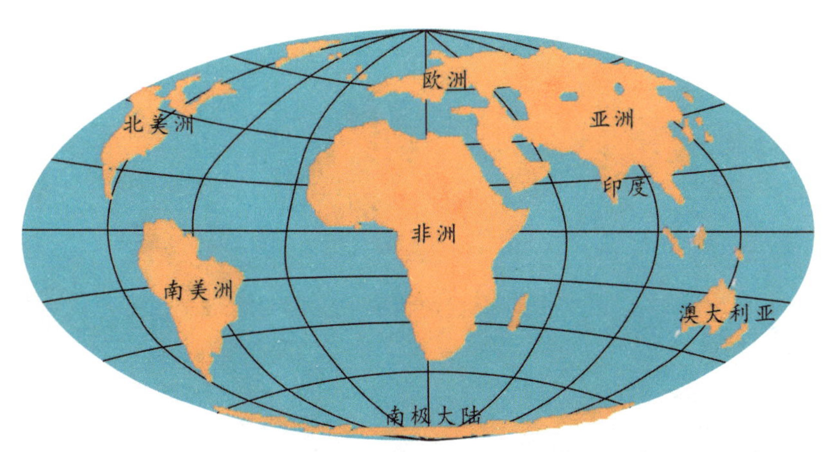

▲恐龙灭绝后的世界——距今约6600万年

3 探寻恐龙家族中的“明星”

人们印象中的恐龙是不是都是大个子呢？是不是都是很凶残的呢？其实恐龙家族与人类一样，个子有大有小，脾气有暴躁的，也有温顺的。下面就一起来参观恐龙家族的明星乐园吧。

3.1 恐龙之最

是谁率先发现恐龙化石的呢？据资料记载，这位首次发现恐龙化石的人叫曼特尔，是英国一名普通的乡村医生。1822 年 3 月的一天，曼特尔和他的夫人在英国南部的苏塞克斯郡一个叫作刘易斯的小地方发现了恐龙牙齿化石。后来经过科学的鉴定，这颗牙齿化石被确定为禽龙的牙齿化石，禽龙是科学史上最早记载的恐龙之一。

又是谁给这些远古巨兽起的恐龙这个名字呢？据资料记载，为恐龙命名的人叫欧文，是英国人，也是一位医生，比曼特尔小 14 岁，被誉为“英国的居维叶”。1942 年，欧文给这类新发现的动物类群起名为 Dinosaur，这个名称是用拉丁文写的，意思是“恐怖的蜥蜴”。后来日本学者在翻译时，译为“恐龙”，这种叫法只在日本与中国等一些地方常用，在欧洲等国家仍然称之为“恐怖的蜥蜴”。在恐龙的发现与命名方面，欧文功不可没。他不仅具有渊博的比较解剖学的学识，而且独具慧眼，经过一翻艰苦的研究工作之后，首先揭开了恐龙历史的奥秘，使当年称霸地球的恐龙今天又获得扬名世界的机会。

最小（短）的恐龙——美颌龙
中文学名：美颌龙
拉丁学名：*Compsognathus*
别 称：细颚龙、细颈龙
界：动物界
门：脊索动物门
纲：蜥形纲
目：蜥臀目
科：虚骨龙类
属：美颌龙属
分布区域：欧洲
战斗力：★★★★★
防御力：★★★★★
灵敏度：★★★★★
主要技能：疾跑
生存时代：侏罗纪晚期
身长：1米
体重：5千克
食性：肉食性

美颌龙的化石是较为完整的骨骼。现在已知的物种中只有长足美颌龙，不过于1970年在法国发现的较大标本曾一度被认为是另一物种。直至20世纪80—90年代，美颌龙都是已知最小的恐龙，并且是始祖鸟的近亲。它也因此而成为较为人所知的恐龙之一。

美颌龙是一小型、双足的动物，有着长的后肢及尾巴，尾巴可在移动时平衡身体。前肢比后肢短小，手掌有三指，都有着利爪，用来抓捕猎物。头颅骨细致、窄长，鼻端呈锥形，有5对洞孔，最大的是它的眼窝，眼睛相对于头颅骨的比例很大。

▲美颌龙复原图

已知的美颌龙化石是两副接近完整的骨骼，一副化石是在德国发现的，长约89厘米；另一副化石则是在法国发现的，长约125厘米。德国的美颌龙化石是于1850年在巴伐利亚的索侯芬灰岩中被发现的。较大的法国美颌龙化石于1972年在法国东南部近尼斯被发现。

▲美颌龙骨骼标本

棘龙背部有明显的长棘，是由脊椎骨的神经棘延长而成，高度可达1.65米，推断生前长棘之间由皮肤连结，形成一个巨大帆状物。这帆状物的功能很可能包含调节体温（散发热量）、储存脂肪能量、吸引异性、威胁对手、吸引猎物等作用。

▲棘龙复原图

棘龙的头颅骨长1.75米，外形上类似龙类，被认为是半水生动物。一项针对棘龙科牙齿的氧同位素组成研究显示，棘龙是已知的唯一会游泳的肉食类恐龙。

棘龙因为其独特的帆状物、巨大的体型而著名。棘龙的第一个化石是在1912年于埃及西部的拜哈里耶绿洲发现的，并由德国古生物学家恩斯特·斯特莫尔在1915年命名为模式种埃及棘龙。

▲棘龙骨架化石

最大（长）的恐龙——哈氏梁龙
中文学名：哈氏梁龙
战斗力：★★☆☆☆
拉丁学名：*D.hallorum*
防御力：★★★☆☆
别 称：地震龙
灵敏度：★★☆☆☆
界：动物界
主要技能:神龙摆尾
门：脊索动物门
生存时代:侏罗纪晚期
纲：爬形纲
身长：47米
目：蜥臀目
科：梁龙类
体重：22吨
属：梁龙属
分布区域：美国
食性：植食性

哈氏梁龙的含义是“地震的蜥蜴”。它最早是1979年在美国新墨西哥州发现的，时代为侏罗纪晚期。已经发现的哈氏梁龙身体有尾巴、背部、臀部和后肢。初看起来它很像梁龙，但哈氏梁龙具有更长的尾巴和粗壮的骨盆。据初步估计，哈氏梁龙的长度至少有50米，不过新的研究认为已缩水至29～42米，身体有22吨重。

哈氏梁龙的脖子又细又长，尾巴像鞭子，四条腿像柱子一般。哈氏梁龙的后肢比前肢稍长，所以它的臀部高于前肩。从其纤细、小巧的脑袋到其巨大无比的尾巴顶稍，哈氏梁龙的身体被一串相互连接的中轴骨骼支撑着，我们称其为脊椎骨。它的脖子是由15块脊椎骨组成，胸部和背部有10块，而细长的尾巴内竟有大约70块！

哈氏梁龙长着长脖子、小脑袋，鼻孔长在头顶上。它的头和嘴都很小，嘴的前部有扁平的圆形牙齿，后部没有牙齿。哈氏梁龙用

▲哈氏梁龙骨架化石

4只脚走路，走得很慢，它们一般成群生活。哈氏梁龙是植食类恐龙，吃东西时，将树叶整个咽下去，一口也不嚼。哈氏梁龙是较大的恐龙之一，但部分科学家认为已发现的哈氏梁龙化石可能属于一只"长得过大的梁龙"。

▼哈氏梁龙复原图

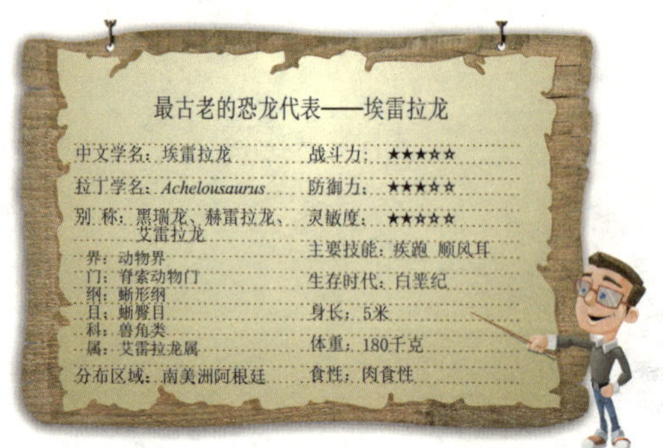

最古老的恐龙代表——埃雷拉龙
中文学名：埃雷拉龙
战斗力：★★★☆☆
拉丁学名：Achelousaurus
防御力：★★★☆☆
别 称：黑瑞龙、赫雷拉龙、艾雷拉龙
灵敏度：★★☆☆☆
主要技能：疾跑 顺风耳
界：动物界
门：脊索动物门
生存时代：白垩纪
纲：蜥形纲
目：蜥臀目
身长：5米
科：兽角类
属：艾雷拉龙属
体重：180千克
分布区域：南美洲阿根廷
食性：肉食性

埃雷拉龙是行走速度相当快的两足肉食性恐龙，大约生活在2.3亿年以前，是最古老的恐龙之一，它证明了恐龙来源于同一个祖先。

埃雷拉龙与后来的肉食性恐龙有许多相同之处：锐利的牙齿、巨大的爪和强有力的后肢、以其他小型爬行动物为食。埃雷拉龙的骨骼细而轻巧，这使它成为敏捷的猎手。据埃雷拉龙耳朵里的听小骨推测这种恐龙可能具有敏锐的听觉。

▲埃雷拉龙复原图

埃雷拉龙有长而低平的头骨、锯齿状的锐利牙齿以及双铰颌部。它的头部从头顶往口鼻部逐渐变细，鼻孔非常小。埃雷拉龙的下颌骨处有个具有弹性的关节，在它张口时，颌部由前半部分扩及后半部分，因而能牢牢地咬住挣扎的猎物不松口。

埃雷拉龙灵活机敏，奔走迅速。它一般生活在高地，可能会用类似鸟类的腿大步行走在植物茂密的河岸边，伏击或找寻食物。它具有很长的后肢，能够直立，前肢有爪可以紧抓猎物，因此能够比竞争对手跑得更快，也更具威胁性，一般的小猎物都逃不过它的袭击。

▲埃雷拉龙头骨化石

极龙生活在白垩纪早期，主要分布在美国科罗拉多州。极龙的身高超过 15 米，是最高的蜥脚类恐龙。极龙最大的骨头是 1979 年在科罗拉多州离超龙化石发掘地不远的地区挖掘到的。就像超龙一样，极龙的体型构造像是腕龙，遗憾的是，极龙仅仅发掘到两块骨头：一个长达 1.5 米的脊柱，以及一个大约 2.7 米宽的肩胛骨，是有纪录以来所发掘最大型的一块肩胛骨。有些古生物学者推算极龙体长可能达 30.5 米。

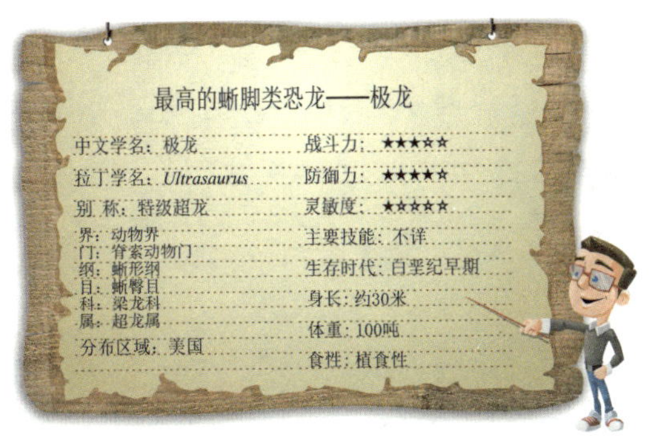

最高的蜥脚类恐龙——极龙
中文学名：极龙
拉丁学名：*Ultrasaurus*
别 称：特级超龙
界：动物界
门：脊索动物门
纲：蜥形纲
目：蜥臀目
科：梁龙科
属：超龙属
分布区域：美国
战斗力：★★★☆☆
防御力：★★★★☆
灵敏度：★☆☆☆☆
主要技能：不详
生存时代：白垩纪早期
身长：约30米
体重：100吨
食性：植食性

尽管极龙的个头很大，但它却是从长度仅为大约 20 厘米的蛋中孵化出来的。它是怎样长成庞然大物的？原来蜥脚类恐龙的食量惊人，它们的体重每天都要增长 3 千克之多，每年就要长 1 吨重！蜥脚类恐龙一生都在生长，有些能活 100 多岁！

▶极龙复原图

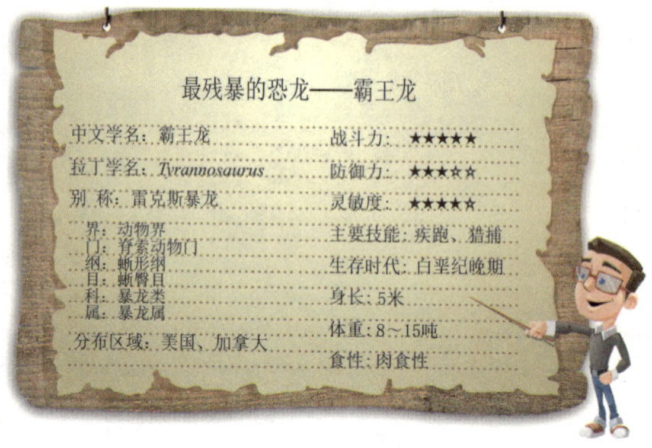

最残暴的恐龙——霸王龙
中文学名：霸王龙
拉丁学名：Tyrannosaurus
别 称：雷克斯暴龙
界：动物界
门：脊索动物门
纲：蜥形纲
目：蜥臀目
科：暴龙类
属：暴龙属
分布区域：美国、加拿大
战斗力：★★★★★
防御力：★★★☆☆
灵敏度：★★★★☆
主要技能：疾跑、猎捕
生存时代：白垩纪晚期
身长：5米
体重：8～15吨
食性：肉食性

霸王龙属暴龙科中体型最大的一种。它体长约11.5～14.7米，平均臀部高度约4米，最高臀高可达到5.2米左右，头高最高近6米，头部长度最大约1.55米。霸王龙平均体重约9吨，最重14.85吨，咬合力一般为9万～12万牛顿，嘴巴末端咬合力最大可达20万牛顿左右，

▼ 霸王龙复原图

▲霸王龙骨架化石

同时也是体型最为粗壮的肉食性恐龙。霸王龙也称雷克斯暴龙，生存于距今约6850万年到6600万年的白垩纪末期，化石分布于北美洲的美国与加拿大，是最晚灭绝的恐龙之一。

从霸王龙的头骨形状来看，其上颌宽下颌窄，咬合的时候上、下颌牙施加的力不完全相对，有利于咬断骨骼。霸王龙位于白垩纪晚期的食物链顶端，当时北美洲的各种恐龙基本上都可以成为它的捕猎对象，有时它们也会攻击像阿拉莫龙这样的长颈植食性恐龙。

1902年，美国一位恐龙化石采集家巴纳姆·布朗在美国蒙大拿州的黑尔溪发现了一具巨型的肉食性动物骨骼。

1910年，布朗率领的考察队在加拿大艾伯塔省境内的红鹿河峡谷开始了大规模的采集。在纽约博物馆中，布朗的老板奥斯本迫不及待地把自己命名为霸王龙的动物公诸于世。在安装骨架的同时，布朗和奥斯本以模型重塑霸王龙生前的风采。

2013年，英国和澳大利亚研究人员在澳大利亚发现了一块霸王龙耻骨化石，这证明了霸王龙也曾经生活在南半球大陆上。

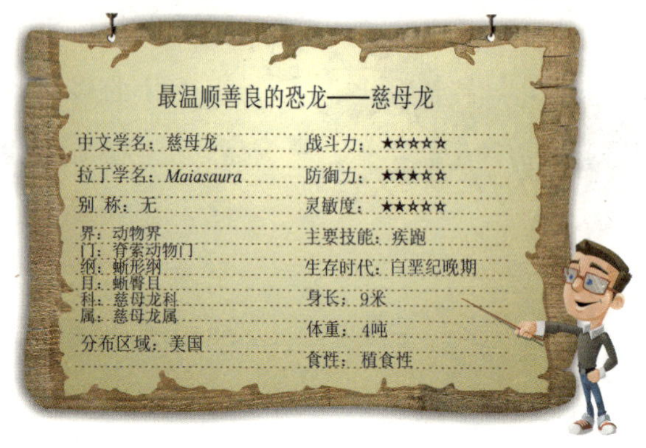

最温顺善良的恐龙——慈母龙
中文学名：慈母龙
拉丁学名：*Maiasaura*
别 称：无
界：动物界
门：脊索动物门
纲：蜥形纲
目：蜥臀目
科：慈母龙科
属：慈母龙属
分布区域：美国
战斗力：★☆☆☆☆
防御力：★★★☆☆
灵敏度：★★☆☆☆
主要技能：疾跑
生存时代：白垩纪晚期
身长：9米
体重：4吨
食性：植食性

慈母龙的英文名称的含义是“好妈妈蜥蜴”。1979年在美国蒙大拿，科学家们发现了一些恐龙窝，其中有小恐龙的骨架，于是他们把这种恐龙命名为慈母龙。

▲慈母龙喂食小恐龙的场景（虚拟）

慈母龙的头部较长，呈扁平状，嘴有点像鸭子嘴，属于植食性恐龙。它的牙齿十分发达，喙里无牙，但嘴两边有牙，能够采食多种植物，主要是一些蕨类和树叶。慈母龙前肢比后肢短，一般的时候用四脚行走，行动速度比较迅速，在采摘食物时，慈母龙可使用双脚站立，细长的尾巴用来平衡身体，同时也可以抵御攻击。

慈母龙之所以被称为恐龙中的好妈妈，主要是因为绝大多数的恐龙是不喂养小恐龙的，他们将恐龙蛋埋藏在地下之后，靠太阳光的温度自然孵化，而慈母龙则会一直守护在恐龙蛋周围，等到小恐龙出生后给它们寻找食物，直至小恐龙长成为成年恐龙。雌性的慈母龙经常群居在一起，共同筑巢孵化恐龙蛋，然后共同养育它们的后代。

▲慈母龙复原图

脖子最长的恐龙——马门溪龙

中文学名：马门溪龙	战斗力：★★★☆☆
拉丁学名：*Mamenchisaurus*	防御力：★★★☆☆
别 称：无	灵敏度：★☆☆☆☆
界：动物界 门：脊索动物门 纲：蜥形纲 目：蜥臀目 科：马门溪龙科 属：马门溪龙属	主要技能：千里眼 生存时代：晚侏罗世 身长:16～45米
分布区域：亚洲东部	体重:20吨 食性:植食性

马门溪龙是在中国发现的最大的蜥脚类恐龙之一，在宜宾市马鸣溪渡口发现其化石，经科学鉴定，属蜥臀目蜥脚亚目。此属动物全长约22米，体躯高将近7米。它的颈特别长，相当于身体长度的一半，不仅构成颈的每一颈椎长度大，且颈椎数亦多达19个，是蜥脚类恐龙中最多的一种；另外颈部也是所有恐龙中最长的。与颈椎相比，背椎、荐椎及尾椎相对较少。

▲马门溪龙复原图

马门溪龙与另一种著名的恐龙——雷龙，外形非常相似，唯一的不同就是脖子长度。马门溪龙脖长最大可达到46英尺（约合14.02米），占到身体总长的一半。马门溪龙是一种植食性恐龙，生活在距今1.5亿年前。永川龙和马门溪龙生活在同一时代同一地区，前者是后者的天敌。

▲马门溪龙骨架化石

3.2 中国恐龙

在中国，已发现并命名了166种恐龙。恐龙数量及种类之多，让中国成为名副其实的恐龙之乡，现除台湾、福建两地外，在各个省均有发现恐龙化石，其中云南、四川、山东、黑龙江、内蒙古、

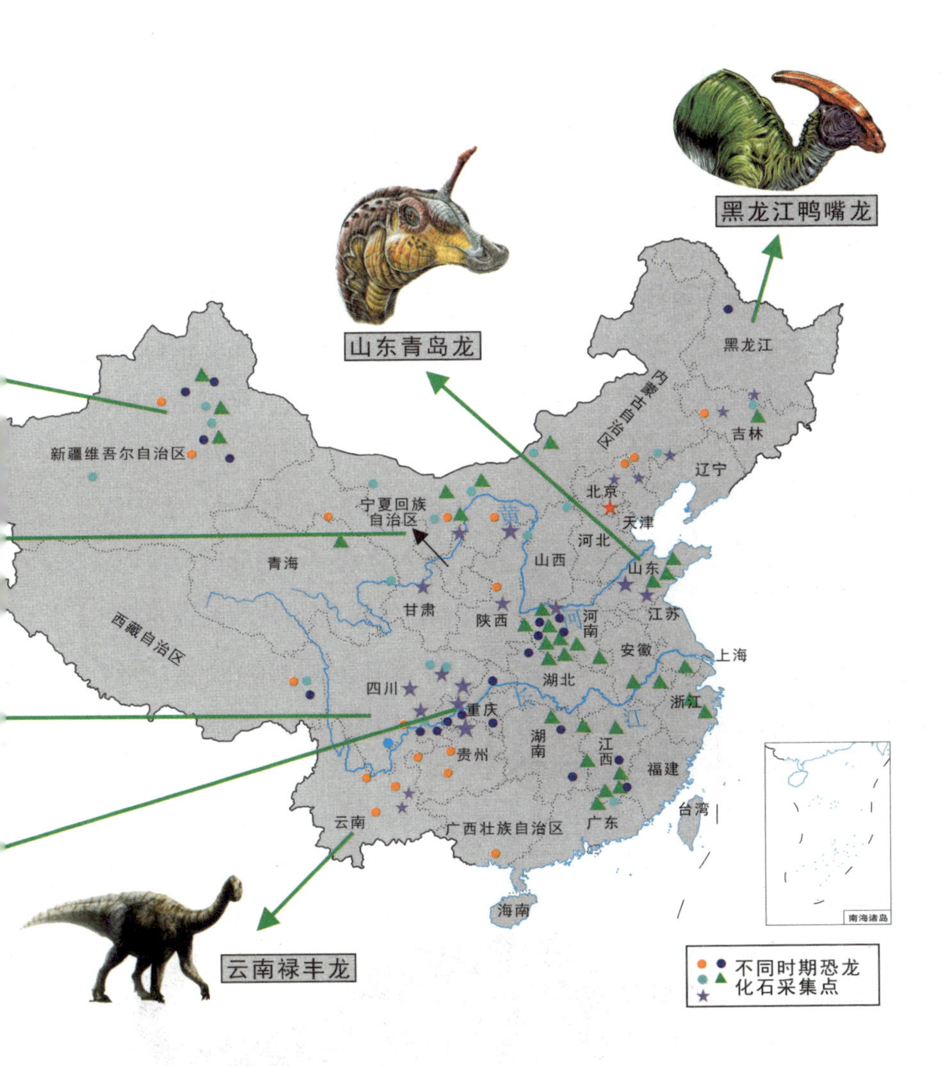

新疆、宁夏是恐龙化石的集中发现地，云南禄丰因发现中国最早的恐龙禄丰龙而成为中国的恐龙之乡。四川宜宾发现的马门溪龙是世界上脖子最长的恐龙之一。

◎云南禄丰龙

禄丰龙因标本发现于中国云南省禄丰县而得名，也是在中国找到的第一个完整的恐龙化石。禄丰龙身体笨重，大小中等，是浅水区生活的恐龙，主要以植物的叶或柔软藻类为食物，多以两足方式行走，但在进食和在岸边休息时，前肢也落地并辅助后肢和吻部的活动。

禄丰龙生活在侏罗纪早期，为后来巨大植食性恐龙的祖先。迷惑龙一类的植食性恐龙个子都很大，但它们的早期成员，即原始的蜥脚类恐龙，并不一定是大个子。禄丰龙身长只有 5 米，站立时高 2 米多，比今天的马大不了多少。它的头很小，脚上有趾，趾端有粗大的爪。前肢短小，有五指，身后拖着一条粗壮的大尾巴，站立时，可以用来支撑身体，好像随身带着凳子一样。这种行为很像今天的袋鼠。

▲禄丰龙复原图

▲禄丰龙骨架化石

◎将军庙单脊龙

将军庙单脊龙发现于我国新疆维吾尔自治区，目前也仅在此处发现了一具完整的骨骼化石。由这具骨骼化石推断单脊龙的体长在5米左右，重量在450千克左右。它生活在距今约1.7亿年的侏罗纪中期。单脊龙头骨体积较小，头上长有一个脊状突起，嘴部很窄，牙齿长而锋利，但是却很单薄，具有肉食性恐龙的特征。

▲单脊龙复原图

单脊龙另一个较明显的特点是，后肢比前肢长，大约是前肢的1.5倍，奔跑速度较快，由此我们可以知道单脊龙是两脚行走的恐龙。单脊龙由于这种特别的体型特征，导致它基本无法以中型以上的恐龙为食，而行动速度很快小型恐龙却经常成为它的食物。

▼单脊龙骨架化石

◎神奇灵武龙

神奇灵武龙发现于我国宁夏回族自治区灵武市，生活在距今约1.74亿年的侏罗纪早期，比其他地区的梁龙类要早将近1500万年，因此成为梁龙类最早的代表物种。它属于梁龙类中一个罕见的分支——叉背龙类，为中生代侏罗纪大型新蜥脚类植食性恐龙，也是我国蜥脚类恐龙中个体最大的属种之一。目前的灵武龙化石遗址是我国发现面积较大、分布集中、保存完整、周边环境未遭破坏的恐龙化石产地，对研究蜥脚类恐龙形态学、分类学和系统演化具有重要意义，为我们了解中生代地理及全球古动物地理区系的形成提供了重要信息。这个遗址对展现史前生态景观，研究西北地区远古时期地理、气候，恐龙种属的繁衍、迁徙、灭亡及地球大陆漂移假说，提供了珍贵的实物资料和重要的科学信息。

▲神奇灵武龙复原图（张宗达绘）

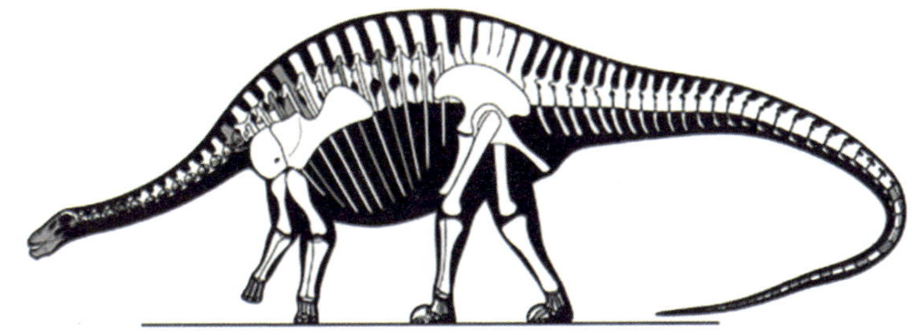

▲神奇灵武龙骨架轮廓图（史爱娟绘）

◎山东青岛龙

山东青岛龙是生活在亚洲的距今 7000 万年的白垩纪恐龙，体重 1 吨，身长 8 米，主要以植物为食，包括各种蕨类和树叶。因为青岛龙是靠近中国山东省青岛市的莱阳市被发现的，所以又被称为“来自青岛的恐龙”。青岛龙属于鸭嘴龙类中比较特别的一类，头部骨骼所占的比例小，嘴部扁平，与鸭嘴十分相似，头部有一根长长的突起，神似一根接受信号的天线。这种突起十分脆弱，科学家

◀青岛龙复原图

们推断它并不是用来防御或者进攻的，而是用于和其他的同类恐龙交流信息的。青岛龙用四肢行走，它们的性格温顺，是一类群居恐龙，以食用树叶和果实为生。

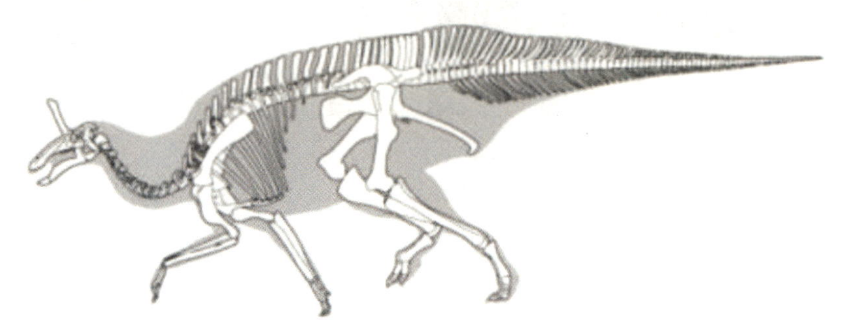

▲青岛龙化石骨架素描图

3.3 怪咖恐龙

河神龙属于角龙的一种，现在所知的3个河神龙头骨化石的颅骨都在同一位置上有隆起的部分，因其他角龙在该位置都是角，仿佛它的角被拔掉一样。河神龙就好像是其他角龙特征的混合体。

头上长角的恐龙——河神龙
中文学名：河神龙
拉丁学名：*Achelousaurus*
别 称：阿奇洛龙
界：动物界
门：脊索动物门
纲：蜥形纲
目：鸟臀目
科：角龙科
属：河神龙属
分布区域：北美洲
战斗力：★★★★☆
防御力：★★★★☆
灵敏度：★★☆☆☆
主要技能：尖角撞击
生存时代：白垩纪
身长：6米
体重：3吨
食性：植食性

▲河神龙复原图

河神龙是四足行走的植食性恐龙，有着像鹦鹉的喙嘴，在鼻端及眼睛后方有骨质隆起，长头盾顶端有两只角。河神龙属于中型的角龙类，身长约6米，体重约3吨。

河神龙属及其下的唯一一种河神龙（学名 *A.horneri*）都是由古生物学家史考特·山普森于1996年命名的。河神龙的学名是为纪念著名的美国古生物学家杰克·霍纳（Jack Horner）在蒙大拿州发现这种恐龙而命名的。河神龙属的名字则是参考了古希腊神话河神阿克洛奥斯（Achelous）的名字。

河神龙化石发现于美国的蒙大拿州。化石位于吐·迈迪逊地层的最表面层位中，时代估计为晚白垩世的坎帕阶，约8300万年至7400万年前。在此地层发现的其他恐龙包括惧龙、斑比盗龙、包头龙、慈母龙及野牛龙。

▲河神龙头骨化石

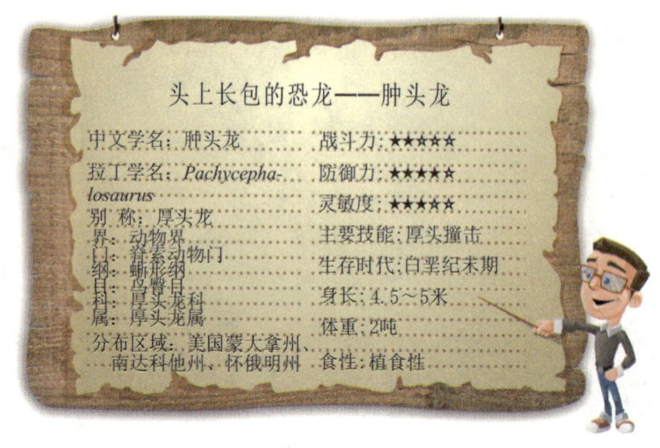
头上长包的恐龙——肿头龙

中文学名：肿头龙
拉丁学名：*Pachycephalosaurus*
别 称：厚头龙
界：动物界
门：脊索动物门
纲：蜥形纲
目：鸟臀目
科：厚头龙科
属：厚头龙属
分布区域：美国蒙大拿州、南达科他州、怀俄明州

战斗力：★★☆☆☆
防御力：★★★★☆
灵敏度：★★★★☆
主要技能：厚头撞击
生存时代：白垩纪末期
身长：4.5～5米
体重：2吨
食性：植食性

肿头龙是一类奇特的鸟脚类中小型恐龙。它的头盖骨异常肿厚，并扩大成一个突出的圆顶，头颅极其坚硬。肿头龙在希腊文中意为“有厚头的蜥蜴”，属于厚头龙科，主要生存于北美洲，时代为白垩纪末期马斯特里赫特阶。肿头龙具有厚颅顶，后肢长，前肢短，目前已知最大型的肿头龙身长4.5～5米。根据传统的理论，肿头龙与其近亲可能将它们的厚颅顶使用在物种内打斗上，但对这个理论近年来仍有许多的争议。

▲肿头龙复原图

1974年，一具保存极好的肿头龙头骨化石在蒙古国被发现。它长着一颗球茎形的大脑袋，边上是一圈疙疙瘩瘩的隆起线，看上去像一只小型的肿头龙。肿头龙可能以树叶和水果为食，而且像它的亲缘动物一样结群生活。它还具有另一个家族特征：尾巴的后部有一簇骨状的腱，可以使尾巴保持僵硬。

▲肿头龙骨架化石

北票龙是一类两足行走的恐龙，它生存在大约 1.25 亿年前，即早白垩世。尽管所发现的化石支离破碎，但随着专家的精心修复，这件化石显示出越来越多的形态学特征，也显示出越来越大的科学研究价值。

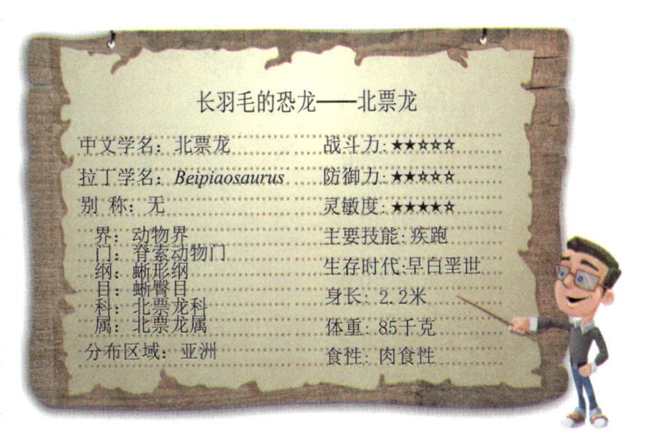
长羽毛的恐龙——北票龙

中文学名：北票龙
拉丁学名：*Beipiaosaurus*
别 称：无
界：动物界
门：脊索动物门
纲：蜥形纲
目：蜥臀目
科：北票龙科
属：北票龙属
分布区域：亚洲
战斗力：★★☆☆☆
防御力：★★☆☆☆
灵敏度：★★★★☆
主要技能：疾跑
生存时代：早白垩世
身长：2.2米
体重：85千克
食性：肉食性

▲意外北票龙复原图

意外北票龙是人们发现的又一种长有原始羽毛的小型肉食性恐龙。由此科学家们推论，生存年代晚于意外北票龙的绝大多数肉食性恐龙都是体披原始羽毛的美丽的爬行动物。

北票龙长约有 2.2 米，臀部高 0.88 米，重量估计有 85 千克。北票龙的喙没有牙齿，但有颊齿。高等的镰刀龙超科有四趾，但北票龙的内趾较小，显示它们可能是从三趾的镰刀龙超科祖先演化而来的。相对其他镰刀龙超科，北票龙的头部较大，下颌的长度超过股骨的一半。

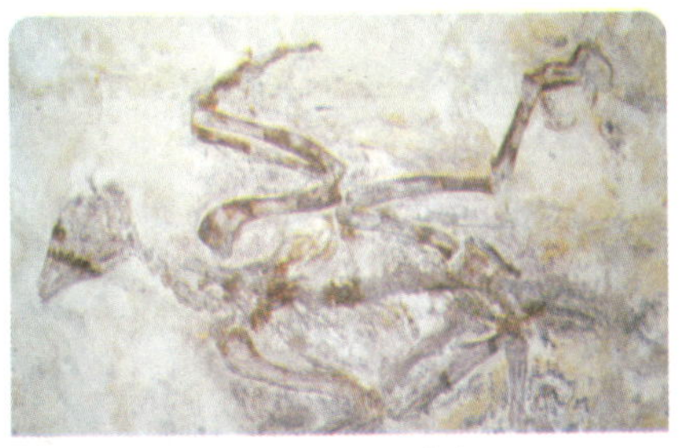
▲意外北票龙骨架化石

穿盔甲的恐龙——甲龙

中文学名：甲龙
拉丁学名：*Ankylosaurus*
别 称：无
界：动物界
门：脊索动物门
纲：蜥形纲
目：鸟臀目
科：甲龙科
属：甲龙属
分布区域：玻利维亚、美国的蒙大拿州、墨西哥

战斗力：★★★☆☆
防御力：★★★★☆
灵敏度：★★☆☆☆
主要技能：不详
生存时代：白垩纪晚期
身长：6米
体重：2吨
食性：植食性

甲龙意为“坚固的蜥蜴”，是甲龙科下的一属，当中只有一种，称为大面甲龙。甲龙化石是在北美洲西部的地层被发现的，年代属于白垩纪晚期。虽然甲龙的骨骼没有完整地被发现，但常常被认为是装甲恐龙的原型。

甲龙背后的硬甲实质为硬化皮肤，具有较强防御能力，但较骨骼形成的龟壳相去甚远，对咬合力数千吨的暴龙而言作用有限。其他甲龙科与它有同样的特征，如重装甲的身躯及巨型的尾巴棒槌。甲龙的尾巴非常脆弱，连接处只有5厘米宽。

▲甲龙复原图

甲龙的骨质、钉状的骨板与槌状的尾巴（又称尾槌）能提供很好的保护作用。它的骨骼化石在蒙大拿州发掘到，属于恐龙族群中最后灭绝的一支。面部长满骨头甲壳的甲龙可能会以此来躲避捕食者，但带着这层护甲尤其是“头盔”会非常热。新的研究表明，为了保持凉爽甲龙进化出了长着血管的复杂而曲折的鼻腔，这些血管有助于控制热量变化。

▲甲龙骨架化石

埃德蒙顿龙是以化石发现地的加拿大艾伯塔省埃德蒙顿来命名的。埃德蒙顿龙的第一个化石发现于艾伯塔省的马蹄峡谷。

恐龙中的“木乃伊”——埃德蒙顿龙
中文学名：埃德蒙顿龙
拉丁学名：*Edmontosaurus*
别 称：爱德蒙脱龙
界：动物界
门：脊索动物门
纲：蜥形纲
目：鸟臀目
科：鸭嘴龙科
属：埃德蒙顿龙属
分布区域：北美洲
战斗力：★☆☆☆☆
防御力：★★☆☆☆
灵敏度：★★☆☆☆
主要技能：狂龙之吼
生存时代：白垩纪晚期
身长：13米
体重：4吨
食性：植食性

埃德蒙顿龙完全成长可达 13 米，体重约 4 吨，是最大的鸭嘴龙科之一。它有 4 只脚，但经常将后肢站立以进行觅食。它有一个鸭嘴状的嘴巴，并可用数不清的后齿来咀嚼食物。如同其他鸭嘴龙类，埃德蒙顿龙的头部前段平坦、宽广，口鼻部类似鸭子，缺乏头冠，尾巴长而窄。

▲埃德蒙顿龙复原图

埃德蒙顿龙的头骨长约 1 米，帝王埃德蒙顿龙的头骨较长。埃德蒙顿龙具有缺乏牙齿的喙状嘴，由角质组织覆盖。根据位于森肯贝格博物馆的糙齿龙木乃伊标本，埃德蒙顿龙的喙状嘴角质部分至少有 8 厘米长。埃德蒙顿龙的鼻孔大，鼻孔周围的骨头凹陷。它只有上颚骨与齿骨具有牙齿，新的牙齿会不断地生长来取代脱落的牙齿，一颗牙齿需要约一年的时间来生长。

▲埃德蒙顿龙觅食（虚拟）

爱“偷蛋”的恐龙——窃蛋龙
中文学名：窃蛋龙
拉丁学名：*Oviraptor*
别 称：偷蛋龙
界：动物界
门：脊索动物门
纲：蜥形纲
目：蜥臀目
科：偷蛋龙科
属：偷蛋龙科
分布区域：蒙古
战斗力：★★☆☆☆
防御力：★★☆☆☆
灵敏度：★★★☆☆
主要技能：疾跑
生存时代：白垩纪晚期
身长：2米
体重：33千克
食性：肉食性

窃蛋龙是种小型兽脚亚目恐龙，主要生存于白垩纪晚期，身长 1.8 ~ 2.5 米。它大小如鸵鸟，长有尖爪、长尾，推测其运动能力很强，行动敏捷，速度很快，可以像袋鼠一样用坚韧的尾巴保持身体的平衡。

窃蛋龙最早在 1923 年由安德鲁斯率领的美国中亚考察队在蒙古高原额仁大巴苏发现。刚发现它的时候，发现旁边有蛋壳，以为它们偷了原角龙的蛋，所以命名为“窃蛋龙”。但后来发现其实它们在保护自己的蛋，不过已经进行科学命名的属种是不能够更改的，

▲窃蛋龙骨架化石

所以它们也只好“含冤”下去。

有的专家认为，窃蛋龙与鸟类有较近的亲缘关系，它有很多与鸟类相似的行为和特征，当灾难来临时，它可能正在像鸟一样孵卵，与现在的一些爬行动物一样，产完卵后，会用沙土把卵埋上，埋好后却不愿匆匆离去，而是守候在这窝卵上，防止其他动物的侵害。

窃蛋龙是最像鸟类的恐龙之一，尤其是它们的胸腔具有数个典型的鸟类特征，每根肋骨上都有一个突起物，可使胸腔更坚牢。窃蛋龙的一个近亲天青石龙，曾被发现具有尾综骨。尾综骨是一种愈合脊椎，可协助固定鸟类尾巴的羽毛。

窃蛋龙体形较小，很像火鸡，具有长长的尾巴，在外形上最明显的特征是头部短，而且头上还有一个高耸的骨质头冠，非常显眼。

▲窃蛋龙复原图

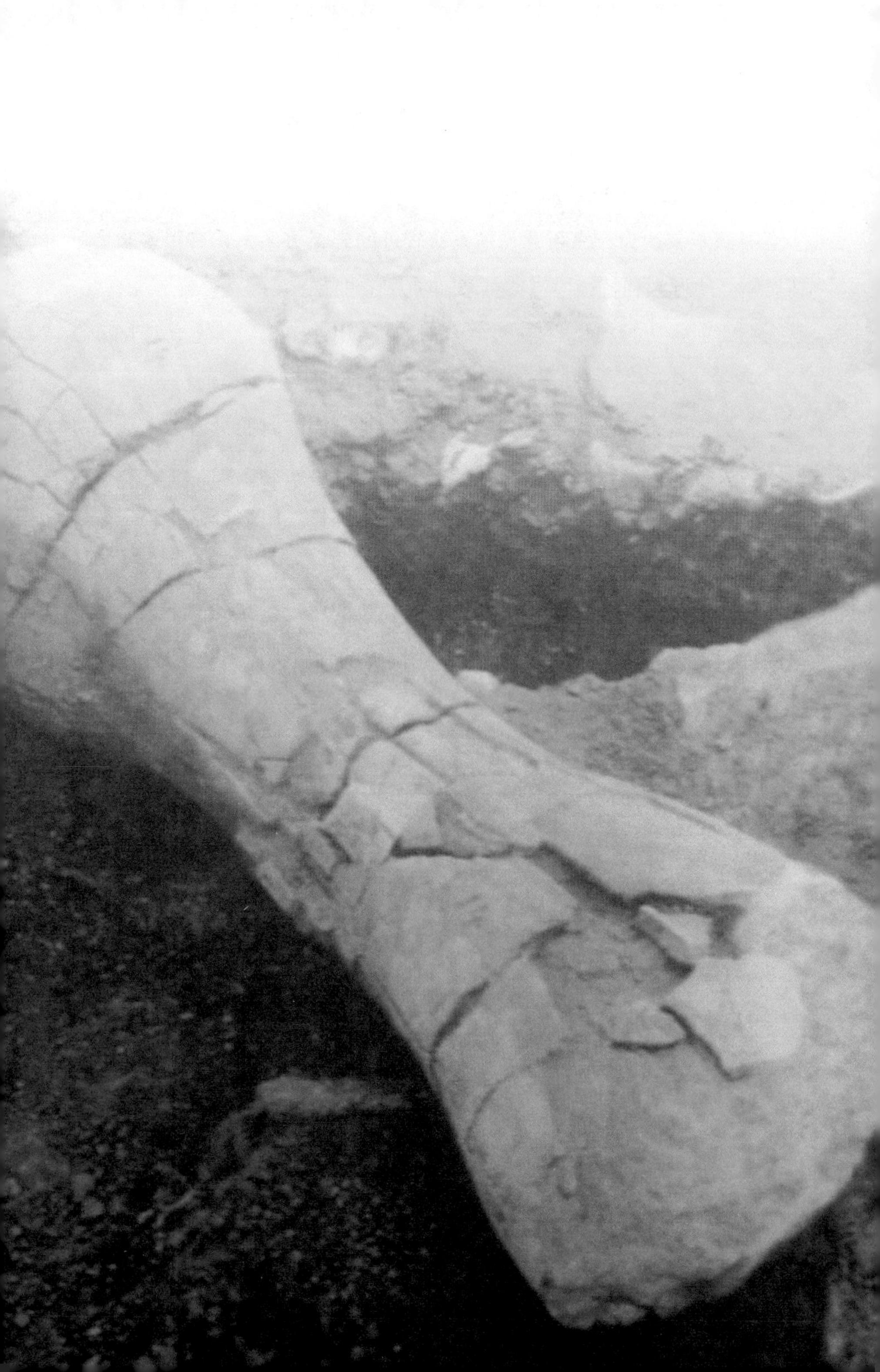

4

发现恐龙的足迹

恐龙家族已经成为过去，但留给了我们轰动世界的奇珍异宝——恐龙化石。恐龙化石往往藏在不易被人们发现的地方，这就需要具备一定的科学知识来发掘恐龙化石了，那么恐龙化石是如何一步步成为博物馆的精美展品的呢？一起来了解下吧！

4.1 恐龙化石形成过程

恐龙化石是恐龙保存在岩层中的遗体、遗物和遗迹，最常见的是骨头与贝壳等。恐龙死亡后要成为化石，需要非常严格的环境条件，需要经过埋藏和地壳运动露出地表。有些恐龙化石可能至今还在地壳中，需要科学家们去探索发掘。因此，恐龙化石对于我们来说是非常稀有珍贵的。

死亡

腐烂

埋葬

出露

▲恐龙化石形成阶段示意图

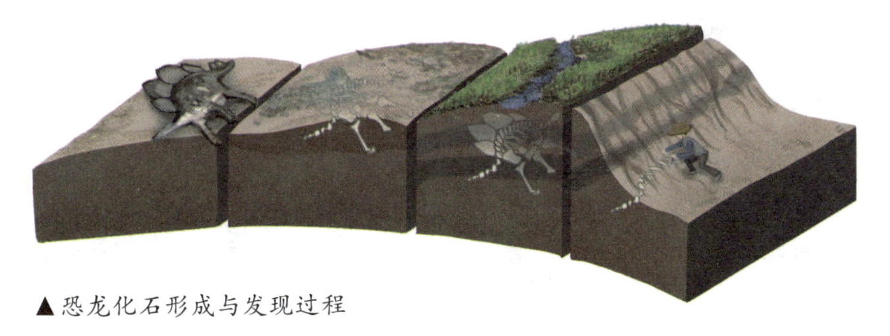

▲恐龙化石形成与发现过程

4.2 恐龙化石的种类

化石是由于自然灾害，如火山爆发、泥石流等自然灾害瞬间将生物掩埋隔离氧化形成。通俗地说，化石就是生活在遥远过去生物的遗体或遗迹变成的岩石。而恐龙化石是所有化石中具有特殊意义的一类。

恐龙化石是指恐龙死后身体中的软组织因腐烂而消失，骨骼（包括牙齿）等硬体组织沉岩在泥沙中，处于隔绝氧气的环境下，经过几千万年甚至上亿年的成岩作用，骨骼完全矿物化而得以保存。此外，恐龙生活时的遗迹，如脚印等有时也可以经石化作用形成化石保存下来。化石大小悬殊，从几十米到几十厘米不等。根据化石种类划分来看，恐龙化石可以分为以下几类。另外，也有将遗物化石归为遗迹化石一类，本书将其分开介绍。

实体化石：骨骼化石。

遗物化石：蛋化石、粪便化石。

遗迹化石：恐龙足迹化石。

▲恐龙实体化石（鹦鹉嘴龙）

▲恐龙实体化石（雷龙腿骨化石）

▲遗物化石——恐龙蛋化石

▲距今约 7000 万年的恐龙蛋化石

▲巨型恐龙脚印

▲恐龙骨架化石

▲恐龙头骨化石

▲恐龙遗迹化石（脚印化石）

▶恐龙遗物化石（胚胎化石）

▲翼龙实体化石

▲恐龙化石碎片

▲恐龙“人”字骨化石

4.3 如何发现恐龙化石

◎第一步：确定恐龙化石分布地质情况

首先，查找资料，知已知彼，学习不同地质时代动植物的特征。在探索恐龙化石分布地时应做好“功课”，恐龙化石产出在中生代地层红色砂质、泥质岩石中，这些岩石的形成时间与恐龙消亡的时间相近，因此产出恐龙化石的几率很高。当你遇到这些岩石的时候，可不要错过发现恐龙蛋的机会哦！

▼中生代地层

◎第二步：科学家考察恐龙化石，首先建立考察营地

科学家们根据考察地的实际情况以及考察需要的时间，设计具体的考察计划。到达考察点附近时依据团队的规模建立相应的考察营地。

▲恐龙野外科学考察营地

▼野外考察时架起卫星通讯设备

◎第三步：发现恐龙化石

通过对前人资料的研究，以及考察地实际的地质情况，包括地层、岩石等，确定恐龙化石可能存在的区域，然后组织科学家实地考察，用专业的工具进行发掘。

▲发现恐龙化石（一）

▼发现恐龙化石（二）

◎第四步：采集恐龙化石

采集恐龙化石是十分关键的一步，但是在采集之前需要判断是否为恐龙化石，这需要结合古生物以及岩石地层方面的知识，待确认为恐龙化石之后，需要设计具体的开采方案以及合适的开采人员。

▲发掘恐龙化石现场（一）

▼发掘恐龙化石现场（二）

◎第五步：恐龙化石包装与运输

化石采集完成之后，能否顺利到达室内进行更细致的处理和鉴定等工作的关键在于化石的包装与运输过程。由于化石是非常珍贵而且易碎的物品，所以在包装过程中应尽量采用柔软的材料将其固定在包装箱内。运输过程中也尽量避免颠簸的路面，谨慎慢行。

▲恐龙化石包装

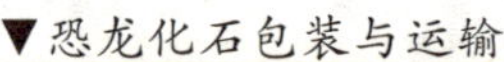

▼恐龙化石包装与运输

◎第六步：室内化石修理

恐龙化石的室内处理就像牙医去除牙结石进行显微修理、酸处理等一样，专业人员运用显微镜、化学试剂以及铀铅测年法等手段，测定出恐龙化石的年代，确定恐龙的种类及名称。

▲室内化石修整

▼显微镜下化石微修

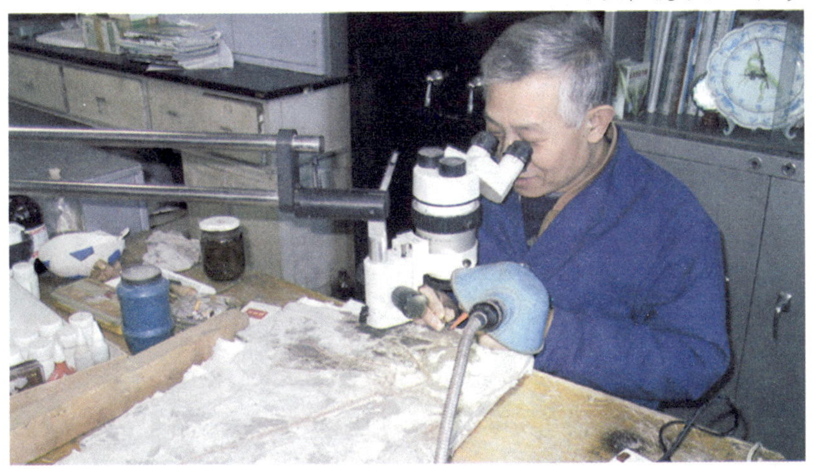

4.4 恐龙化石展览

恐龙化石经过细致的室内处理之后，就可以到各大博物馆展厅进行展览了。下面就让我们一起来欣赏下各大恐龙博物馆的恐龙霸主吧！

▼马门溪龙骨架展示

◎中国地质大学逸夫博物馆

中国地质大学逸夫博物馆是2003年建成的现代化博物馆，坐落在美丽的武汉市东湖之滨南望山麓，毗邻武汉光谷广场，建筑面积近万平方米，陈列展示面积5000余平方米。本馆馆藏各类地质标本30 000余件，其中自然界罕见的珍品近2000件。恐龙展厅是由9具恐龙骨架、众多恐龙足迹化石、6条电动机器恐龙组成的恐龙世界。

◎云南禄丰世界恐龙谷

云南禄丰世界恐龙谷于2008年4月18日建成开放，位于云南省禄丰县，是一个集遗址保护、观光休闲、科普科考等为一体的恐

龙文化旅游主题公园。中外专家认为，禄丰是迄今世界上出土恐龙化石最丰富、最完整、最古老、最原始的地区之一，是中国恐龙的故乡。

◎四川自贡恐龙博物馆

四川自贡恐龙博物馆在世界上与美国国立恐龙公园、加拿大恐龙公园齐名，合称为世界三大恐龙博物馆，是我国唯一的恐龙化石

埋藏遗址博物馆。它位于四川省自贡市的东北部，距市中心 9000 米。自贡恐龙博物馆是在世界著名的“大山铺恐龙化石群遗址”上就地兴建的一座大型遗址类博物馆，也是我国第一座专门性恐龙博物馆。

◎宁夏灵武恐龙地质博物馆

灵武恐龙化石遗址（宁夏灵武恐龙地质博物馆）围栏保护面积 90 000 平方米，建成彩钢结构保护大厅两座，占地 1000 平方米。展

厅陈列有世界最大的恐龙股骨复制模型及原亚洲最大的恐龙模型——四川合川马门溪龙复制模型。该模型长22米、高10米。馆内还有奔龙、窃蛋龙及恐龙蛋、狼鳍鱼、潜龙、大唇犀牛头骨、乌龟等动物化石。

◎内蒙古博物院

内蒙古博物院的前身是内蒙古博物馆，始建于 1957 年，2008 年改称内蒙古博物院，现在是国家一级博物馆，是内蒙古自治区最大的集文物收藏、研究、展示于一体的综合性博物馆，也是全国爱国主义教育基地，全国民族团结进步先进单位。内蒙古博物院主体

建筑面积为 64 000 平方米，展厅面积为 15 000 平方米。

查干诺尔龙展出于内蒙古博物院，属于大型蜥脚类，出土于内蒙古自治区锡林郭勒盟查干诺尔碱矿，采集自查干诺尔组。查干诺尔龙在蒙古语中意为“白色湖泊”，生活于距今 1.4 亿年白垩纪早期，体长约 26 米，属于植食性恐龙。

◎黑龙江省博物馆

黑龙江省博物馆始建于1906年，主楼是一座欧洲巴洛克式建筑，原为俄罗斯商场旧址，现为国家一级保护建筑。鸭嘴龙化石是其中

重要的展品之一。鸭嘴龙生活在白垩纪，属鸟臀目，体长约 10 米，体重约 4 吨，由于前上颌骨和前齿骨的延伸和横向扩展，构成了宽阔的鸭嘴状吻端，因而得名。

◎山东省诸城恐龙国家地质公园

山东诸城恐龙国家地质公园又称白垩纪恐龙地质公园。公园位于“中国龙城”——山东诸城龙都街道，采用恐龙形状建设主场馆，

拥有世界规模最大的恐龙化石长廊、世界品种最多的恐龙化石集群、世界个体最高的鸭嘴龙化石骨架等多个世界之最，其中展示的恐龙化石骨架多达 100 多具。

5 恐龙灭绝的未解之谜

恐龙从三叠纪开始出现，经过了侏罗纪和白垩纪，在地球上生活了1亿多年，整个中生代都是恐龙的时代，它们是中生代的霸主。与它们相比，我们人类的祖先在地球上只生活了200多万年，实在是很短很短……但是随着中生代的结束，恐龙全部灭绝了，无一幸存，而它们的爬行动物亲戚，如鳄鱼、蜥蜴和乌龟等却生存了下来。那么白垩纪晚期到底发生了什么导致恐龙集体灭亡，这实在是个谜。

5.1 恐龙家族没落的原因

距今 6600 万年的白垩纪末期，一场大灾难使全球 75% 的物种烟消云散，主宰地球的恐龙家族全军覆没，同时灭绝的有鱼龙、蛇颈龙、翼龙等。这到底是什么原因呢？关于恐龙灭绝的原因，科学家们一直在积极探索，不断研究。最主流的观点是“小行星碰撞说”。但是这种学说也存在诸多无法解释的问题，存在局限性。例如蛙类、鳄鱼以及其他许多对气温很敏感的动物都顶住了白垩纪突变而生存下来了，为什么单独恐龙灭绝了呢？迄今为止，科学家们提出的对于恐龙灭绝原因的假想已不下十余种，主要观点有以下几种。

▼小行星撞击地球假想场景（一）

▲小行星撞击地球假想场景（二）

◎原因猜想之一——小行星撞击地球

大部分人支持的观点是小行星撞击地球把大量的尘埃抛入大气层，形成遮天蔽日的尘雾，导致植物的光合作用暂时停止，引起地球环境恶化，恐龙家族的食物链遭到破坏。当时的环境不适宜恐龙生存，物竞天择，适者生存，恐龙家族由此走向没落。

◎原因猜想之二——气候环境的变迁

三叠纪和侏罗纪时地球的气候非常温暖湿润，四季不明显，植物非常茂盛，到处长着高大的银杏、蕨类植物以及苏铁和松柏，这些植物都是植食性恐龙随处可见的最佳食物。但是，从白垩纪开始，地球上的环境和气候开始变化，地球上出现了四季分明的气候，两极开

▲植物大部分死亡，恐龙们饥肠辘辘地寻找着食物

始变冷，植食性恐龙食用的植物适应不了这样的气候，纷纷灭绝了。这使得很多植食性恐龙由于缺少食物被饿死。同时，也使得以植食性恐龙为食的肉食性恐龙的数量大大减少。于是，恐龙因此灭绝了。

◎原因猜想之三——物种竞争

恐龙时代末期，最初的小型哺乳类动物出现了，这些动物属啮齿类食肉动物，可能以恐龙蛋为食。由于这种小型动物缺乏天敌，越来越多，最终吃光了恐龙蛋。由于恐龙蛋岌岌可危，恐龙家族的生存和繁衍的问题就越来越严重，最终随着一个个恐龙蛋的消失，恐龙家族逐渐走向了没落。

◎原因猜想之四——被子植物的兴起

在白垩纪晚期，植物界开始发生由裸子植物向被子植物的进化过程，大量的被子植物在该时期出现。由于恐龙需要大量的植物作为

▲哺乳动物偷吃恐龙蛋的景象（虚拟）

食物来维持自身的生存，因此在食物选择上并没有区别裸子植物还是被子植物。然而人们猜想当时的被子植物的果实是有毒的，恐龙不能适应这种有毒的食物，最后被毒死了，于是被子植物的出现导致了恐龙大面积的灭亡。

◎原因猜想之五——火山喷发

有一些科学家们认为，在火山爆发时形成的火山尘埃和气体布满天空，尘埃一方面反射太阳光，另一方面促进云层的形成，而云层对阳光有着更高的反射率，导致地球气温变冷，体型巨大的恐龙无法适应突变的环境，因而导致灭绝。

▲火山喷发导致恐龙灭绝假想场景

关于恐龙家族灭绝的原因，还有很多其他种类的学说，世界上关于恐龙灭绝原因的观点大约 200 种，其中获得较多支持的就是上面描述的 4 种。可以看出，影响一个物种生存的原因有方方面面，最重要的是外界环境因素的变化，当然也有物竞天择的影响。如何揭开恐龙灭亡原因的真实面纱，还需要我们不断地努力研究。

 恐龙消失后的世界

虽然恐龙家族灭绝了，但是恐龙的亲戚们却一直生存至今，比如蜥蜴、鳄鱼、乌龟等。它们为什么没有灭绝？可能是由于生存环境的影响，那场生物界的大灭绝对于海洋生物甚至两栖类动物的影响比较小，这些恐龙的近亲也可能因此保留了一线生机，存活至今。也有一种说法，恐龙其实并没有完全灭绝，因为乌龟被认为是恐龙的“远房亲戚”，至今还存在。

▼现在的蜥蜴，据说是2亿多年前恐龙的近亲

▲现代的乌龟

由于食物链最顶端的统治者恐龙的消失殆尽，动物界以哺乳动物为代表迅速崛起，早期哺乳动物被认为是像鼩鼱一样的小型动物，植物界以被子植物为代表也呈现一片生机。站在食物链最顶端的庞然大物消失后，整个生物界呈现出更多的生机与活力，各类哺乳动物与被子植物崭露头角，人类诞生在约600万年前。

科学家们发现，在白垩纪晚期物种大灭绝之前，地球上胎盘哺乳动物的进化速度一直保持稳定。但是，在恐龙灭绝之后，哺乳动物的物种数量呈现爆发式增长，而且迅速填补了因恐龙灭绝而留下的缺口。如今，地球上包括人类在内的胎盘哺乳动物物种有5000多种，说明恐龙消失后，地球上某些物种出现了大规模的爆发性生长。

▲早期哺乳动物假想图

5.3 恐龙真的灭绝了吗

很多人都会有这样的思考，恐龙真的灭绝了吗？如果恐龙没有灭绝会演变成什么呢？从恐龙演化的进程来看，其腰带从像蜥蜴逐渐演变到像鸟一样，而且在恐龙家族后期的发展过程，也有新的家庭成员翼龙一族的加入，再加上在我国辽宁西部发现的带羽毛的恐龙，我们是否可以想象，如果恐龙没有灭绝，会不会演变成天空飞翔的鸟类呢？这种猜想已经被科学家们证实。

▲辽宁北票四合屯，北票龙发现地　　▲带羽毛恐龙化石复原图

5.4 恐龙消亡带来的启示

虽然说恐龙家族的一家独大，让整个生物界充满着危机感，但是在恐龙家族统领的1亿多年间，整个生物界还是处在一片和谐稳定之中的，都在有条不紊地发生着生物进化演变，食物链一直是维持着相对稳定。可是由于恐龙家族的戛然而逝，生物界食物链最顶端的霸主消失，而处于食物链次一级的生物瞬间占据了主导地位，爆炸性的生长导致食物链再一次出现了危机，这就是科学家们常说的保护生物多样性和保持食物链稳定发展的反面实例。如果我们需

要维护我们自己赖以生存的环境，不是要把我们天敌完全消灭，而是应该依靠自身的强大去抗衡。由此可见维护物种的多样性是多么的重要。

生物多样性是地球生命的基础。它重要的社会经济价值与文化价值无时不在宗教、艺术、文学、兴趣爱好以及社会各界对生物多样性保护的理解与支持等方面反映出来。它在维持气候、保护水源、土壤和维护正常的生态学过程中对整个人类做出的贡献更加巨大。生物多样性的意义主要体现在它的价值，对于人类而言，生物多样性具有直接使用价值、间接使用价值和潜在使用价值。

▲生物链破坏后的恶性循环

主要参考文献

陆家训．鸟类由恐龙进化而来 [J]. 世界科学，2001（10）：48.

姜涛．辽西近鸟龙新材料的发现及其意义 [D]. 成都：成都理工大学，2011.

季强，姬书安，尤海鲁，等．中国首次发现真正会飞的“恐龙”——中华神州鸟（新属新种）[J]. 地质通报，2002，21（7）：363-369.

柳永清，旷红伟，彭楠，等．山东胶莱盆地白垩纪恐龙足迹与骨骼化石埋藏沉积相与古地理环境 [J]. 地学前缘，2011，18（4）：9-24.

英国 DK 公司．DK 儿童恐龙百科全书 [M]. 北京：中国大百科全书出版社，2012.

董枝明．世界恐龙大百科 [M]. 北京：化学工业出版社，2015.

王小娟．远古的霸主：中国恐龙 [M]. 南京：南京大学出版社，2007.

王全伟．四川盆地中生代恐龙动物群古环境重建 [M]. 北京：地质出版社，2008.

甄朔南，李建军，韩兆宽，等．中国恐龙足迹研究 [M]. 成都：四川科学技术出版社，1996.